LE
BATAILLON
AGRICOLE,
GUIDE DU CULTIVATEUR;

Par Antoine **REDIER**,
Cultivateur du Midi.

Changeons les instruments de la guerre
En des instruments de labour ;
On n'arrête pas le murmure
Du peuple quand il dit j'ai faim ;
Car c'est le cri de la nature,
Il faut du pain , il faut du pain.
PIERRE DUPONT.

PRIX : 50 CENT.

SE VEND :

A MONTPELLIER , AU BUREAU DE L'INDÉPENDANT ,
rue du Palais , 36.

A CASTRIES ,
Chez PÉRIDIER (Paul - Cadet), Trésorier du Bataillo..

1850.

Montpellier, Imp° de **L. CRISTIN** et Cie, rue du Palais, 36.

AVANT-PROPOS.

La première édition de ce petit livre a été promptement épuisée. Nous en donnons aujourd'hui une seconde, dans laquelle nous avons mis à profit les conseils bienveillants de la presse et des personnes qui ont bien voulu nous lire. Aux améliorations de détail, nous avons ajouté l'exposé du système de *culture sans engrais* de M. Bikès, système qui fondé sur la théorie la plus rationnelle et confirmé par l'expérience, ouvre une nouvelle carrière à l'agriculture.

Nous avons peu changé à la classification des matières telle que nous l'avions d'abord adoptée. Toutefois, certaines parties que nous n'avions fait qu'indiquer, ont reçu dans cette édition des développements plus considérables et nous ont déterminé à modifier le titre de l'ouvrage ; nous voulons surtout parler des *Bataillons Agricoles*, dont la presse s'est beaucoup occupée dans ces derniers temps. Bien des journaux ont approuvé nos Bataillons, d'autres les ont critiqués ; pour mettre nos lecteurs à même de juger la question, nous donnons sous forme d'appendice un travail dû à la plume de M. Jacques de Valserres, dans lequel l'institution que nous proposons d'établir est longuement appréciée à ses différents points de vue.

Nous y ajoutons ensuite les Statuts du premier Bataillon Agricole de l'Hérault, avec les observations nécessaires pour faire mieux comprendre aux cultivateurs l'importance des Bataillons Agricoles.

En publiant ce petit livre, notre but a été de montrer combien il serait facile de rendre à la charrue et à la production des milliers d'hectares de terrain, dont la stérilité atteste de notre ignorance et de l'impéritie de l'administration. Nous avons cru par là remplir un acte de bon citoyen. Que tous les hommes intelligents et de cœur, apportent ainsi leur pierre à l'édifice et bientôt il n'existera plus en France un seul pouce de terre improductif, un seul homme dans le besoin.

Castries, 1er janvier 1850.

LE BATAILLON AGRICOLE,

GUIDE DU CULTIVATEUR.

━━━◆◆◆━━━

Chapitre Ier.

Des Bataillons Agricoles.

I.

M. Jacques de Valserres, auteur de plusieurs excellents ouvrages, entr'autres du *Manuel du droit rural*, et professeur d'économie agricole à l'institut polytechnique à Paris, appréciant à ses différents points de vue l'organisation des Bataillons Agricoles, s'exprimait ainsi, dans les numéros du 9, 16 et 24 août d'un journal de Paris, *la Feuille du Peuple :*

Le travail agricole, bien que le plus important, est, entre tous les faits de production, celui qui est le moins étudié. Chaque jour on perfectionne les machines, ces puissants auxiliaires de l'industrie ; les découvertes des chimistes, les progrès de la division du travail permettent de centupler les forces productives des fabriques ; l'amélioration incessante des lois industrielles, des encouragements de toute nature, une instruction spéciale assez bien organisée, ont donné aux manufactures une grande impulsion. A côté de cela, qu'a-t-on fait pour l'agriculture, *ces deux mamelles de l'Etat*, comme disait Sully ? Rien. La méca-

1.

6

nique, la chimie agricole sont à créer ; la division du travail n'aura jamais cours à la campagne ; le Code rural est à faire, le fonds d'encouragement est dérisoire, les écoles sont à fonder. L'agriculture délaissée par tous, légistes, savants, administrateurs, n'est guère plus avancée qu'elle ne l'était au temps d'Olivier de Serres.

Depuis la révolution de Février, on a beaucoup écrit sur l'organisation du travail industriel, mais peu de personnes se sont occupées de l'organisation du travail agricole. Cela tient à ce que cette dernière branche est exercée par des hommes qui n'ont ni l'instruction nécessaire pour faire des observations, ni assez de capitaux pour appeler à eux les savants, les chimistes, les mécaniciens. Citons des faits d'où résultera la nécessité d'organiser des *Bataillons Agricoles*.

II.

La France compte cinq millions de familles de cultivateurs, soit vingt-cinq millions d'âmes livrées à l'agriculture. Cette population est inégalement répartie sur toute la surface du territoire. Il est tel département où les bras abondent, il en est tel autre où ils font défaut : ici, les travailleurs trop nombreux pendant l'hiver, sont insuffisants pendant l'été ; là, au contraire, les travaux d'hiver réclament un concours plus considérable que les travaux de la belle saison.

Ces besoins qui tiennent à des circonstances de sol, de climat et de culture, entretiennent des émigrations incessantes qui ont lieu des départements où les bras surabondent vers ceux où ils sont rares. Ainsi, chaque année, au moment de la moisson, la Brie et la Beauce sont parcourues par des bandes de

Normands qui vont couper les blés. Dans les montagnes du Dauphiné, les hommes valides émigrent à l'approche de la mauvaise saison, alors que la campagne n'offre plus d'occupation. Ils vont dans la Provence, le Comtat et le Languedoc, d'où ils ne reviennent qu'au mois d'avril ; et comme tous les travaux ont lieu à la fois dans les pays des montagnes, les Dauphinois incapables d'y suffire, appellent à leurs secours les Savoisiens et les Piémontais. Sur tous les autres points du territoire des faits semblables se présentent. Les départements des Pyrénées, ceux du Tarn, du Lot et de l'Aveyron envoyent sur le littoral de la Méditerranée des bandes d'ouvriers qui vont offrir leurs services pour les travaux d'été. Ces bandes opèrent au hasard. Les faucheurs seuls ont reçu un semblant d'organisation.

Les maîtres faucheurs de Narbonne ont constitué à leur profit une sorte de monopole pour la coupe des foins. Ils traitent directement et à forfait avec les propriétaires de prairies, puis moyennant un salaire fixe, ils embauchent les faucheurs immigrants, qu'ils forment en colonnes, et les distribuent sur les terres à dépouiller.

III.

Il est difficile d'apprécier le chiffre de la population flottante des travailleurs. Une bonne statistique, faite par l'administration, pourrait seule nous éclairer sur ce grave sujet. Mais on ne songea jamais à rédiger une telle statistique. Aussi tous les déplacements se font au hasard, et, suivant qu'ils sont plus ou moins nombreux, les immigrants dictent la loi aux propriétaires ou la reçoivent à leur tour.

Frappé de ces inconvénients, qui sont un des plus

grands obstacles aux progrès de l'agriculture, un cultivateur du midi, M. Redier, a cherché les moyens d'y porter remède. Il voudrait que les pérégrinations des travailleurs fussent régularisées; que dans tous les départements qui fournissent des émigrations, les déplacements eussent lieu dans un certain ordre. On établirait au chef-lieu un bureau où les propriétaires qui ont besoin de bras pourraient s'adresser. Les travailleurs divisés par petites colonnes, sous la direction d'un chef, se rendraient partout où on les appellerait. Tel est le *Bataillon Agricole* de M. Redier, qu'il voudrait étendre plus tard à chaque canton.

Le Bataillon Agricole de M. Redier n'est pas une chose nouvelle. La première idée en a été prise dans les colonnes mobiles de faucheurs qui, pendant le mois de juin, parcourent le département de l'Aude. Seulement d'une part M. Redier a généralisé son idée en l'appliquant à toute espèce de travaux: de l'autre il lui a enlevé tout caractère de monopole en associant les travailleurs entre eux.

Dès que M. Redier eut conçu l'idée de ses *Bataillons Agricoles*, il voulut aussitôt l'appliquer. Il réunit un certain nombre de travailleurs d'élite, il se mit à leur tête et parcourut ainsi le département de l'Aude, exécutant tous les travaux de culture qui lui étaient confiés par les particuliers. On l'a vu d'abord cultiver le riz et la garance sur les terrains salés de Mandirac et de Gleyze, où il a opéré de nombreux défrichements. Puis, à mesure que la réputation de ces hommes s'établissait, les grands propriétaires du département voulurent remplacer les ouvriers à la journée par ses compagnons. C'est ainsi que M. de Jouy, représentant du peuple, les appela pour faire de la garance; que la caisse hypothécaire leur confia des défrichements considérables sur l'étang de Marseillette ; que M. de Cassan les fit venir dans les Pyrénées-Orientales, où il les employa au creusement d'un canal d'irrigation.

Les résultats pratiques obtenus par M. Redier ont dépassé ses espérances. Tous les travaux exécutés par son bataillon ont présenté ce double caractère, qu'ils étaient mieux faits et coûtaient moins que ceux exécutés dans les conditions habituelles. En effet, l'homme qui travaille isolé a moins d'ardeur, moins d'enthousiasme, que l'homme qui travaille au milieu d'un groupe où l'émulation et la rivalité le tiennent sans cesse en haleine. On a observé qu'un ou deux batteurs en grange, font proportionnellement moins de besogne que huit ou dix batteurs réunis. Tous les travaux qui s'exécutent par grandes masses, tels que la moisson, les vendanges, fatiguent moins les ouvriers et marchent plus rapidement. Le Bataillon Agricole de M. Redier est venu confirmer ces observations. Le propriétaire d'un vaste domaine dans les Pyrénées-Orientales, faisait creuser un fossé qui marchait très lentement, il donnait à ses ouvriers 1 fr. 25 c. par jour, ce qui mettait le mètre cube à 35 centimes. Sur ces entrefaites, M. Redier arrive dans le pays, et propose au propriétaire de se charger du fossé à raison de 20 c. le mètre cube. Le propriétaire accepte. Quelques semaines après, la fosse était finie, et chaque homme du Bataillon n'avait pas gagné moins de quatre francs par jour.

IV.

Lorsque la Révolution de Février éclata, M. Redier, ne doutant plus de l'utilité de son idée, se rendit à Paris pour la soumettre au gouvernement et lui proposer la création d'un certain nombre de Bataillons Agricoles. M. Flocon était alors ministre de l'agriculture. M. Flocon, voyant tout le parti qu'on pourrait tirer des Bataillons Agricoles qui, en définitive, n'avaient rien de commun avec les *ateliers nationaux*, promit son appui à M. Redier. Celui-ci commençait à recruter les éléments d'un bataillon d'essai qui devait partir de Paris, lorsque les tristes événements de juin éclatèrent. M. Flocon sortit du ministère, et depuis M. Redier n'a plus trouvé la moindre sympathie dans le gouvernement. Cet abandon ne l'a pourtant pas découragé. Après bien des démarches, il touche au moment de former un Bataillon modèle qui, nous l'espérons, n'aura pas moins de succès que le Bataillon créé par lui dans le département de l'Aude.

Mais quel est le mode d'organisation que M. Redier entend appliquer au Bataillon dont il prépare la formation? Quels résultats l'agriculture peut-elle espérer de cette institution bien comprise? Telles sont les questions qui nous restent à examiner.

V.

Deux systèmes différents se présentent dans l'organisation des Bataillons Agricoles : l'un est applicable à la colonne d'essai que M. Redier veut faire partir de Paris; l'autre regarde l'institution établie par commune ou par canton. Occupons-nous d'abord de la colonne d'essai, parce que c'est de sa réussite que dépend l'avenir des Bataillons Agricoles.

Nous avons dit que l'idée de M. Redier lui avait été suggérée par le monopole que les maîtres faucheurs de Narbonne exercent au moment de la coupe des foins. Il est nécessaire d'insister sur ce point.

Gérant du domaine de Mandirac, propriété considérable, M. Redier sentit que pour mieux le cultiver, il lui fallait établir une sorte de division du travail. Dès la deuxième année de sa gérance, il sépara ses ouvriers en diverses sections, ayant chacune un chef également ouvrier, mais recevant de plus, par jour, une haute paie de 25 centimes. Chaque section avait certaines spécialités : les unes cultivaient la garance, les autres les céréales, celles-ci les prairies, celles-là les jardins.

Les travaux se faisaient à la tâche ou à la journée. A la tâche, le chef de section était nommé par tous les hommes de la bande ; à la journée, il était choisi par M. Redier lui-même. Le chef désigné par ses pairs touchait un supplément de solde qui variait de 25 cent. à 75 cent. par jour. Le choix tombait ordinairement sur le plus fort et le plus adroit, tant les travailleurs sont dégagés de l'esprit d'intrigue qui distingue les classes élevées. Les salaires se répartissaient également, parce que chaque colonne se composait également d'hommes vigoureux. Un seul sujet moins fort que les autres aurait détruit l'émulation de toute la bande ; car soit humanité, soit que l'amour-propre eût été sauf, on aurait bientôt vu toute la colonne descendre peu à peu au niveau du plus faible.

En agriculture, tout se fait par imitation et par entraînement. La réputation des travailleurs de Mandirac s'établit si vite et si bien, que les propriétaires voisins les recherchèrent avec empressement. C'est alors que M. Redier passa des traités avec différents particuliers, pour la culture de la garance, et qu'il fit le premier essai de son bataillon agricole. La colonne, composée d'abord de huit hommes, fut successivement portée jusqu'à vingt-cinq ; M. Redier la com-

mandait en personne. Suivant la nature des travaux,
le bataillon se divisait en sections pourvues chacune
d'un chef. Tout se faisait à l'entreprise ou à la journée;
l'ardeur du bataillon était la même dans l'un ou l'autre
cas.

VI.

Un jour que M. Redier était à Saint-Frichoux, chez
M. de Jouy, représentant du peuple, celui-ci lui dit :
« Comment vous arrangez-vous pour avoir des hommes
»pareils à ceux qui forment vos colonnes ? Que je les
»regarde de loin ou de près, je les vois toujours
»assidus, manœuvrant la bèche avec agilité ; si je
»leur parle pendant qu'ils sont à l'ouvrage, ils me
»répondent avec politesse et reprennent aussitôt leur
»travail, comme s'ils craignaient de perdre une
»minute. »

A quoi M. Redier répondit : « Mon secret consiste
»dans le choix des hommes et l'art d'exciter leur
»émulation. Tous ceux que j'emploie sont d'égale
»force ; attachés au même atelier, ils s'enthousias-
»ment ; nul ne veut rester en arrière des autres ; c'est
»ainsi que tous travaillent avec ardeur. Dans les
» conditions actuelles, si les ouvriers sont paresseux,
» cela tient plus au milieu où ils se trouvent qu'à leur
»mauvaise volonté.... Organisez-les rationnellement
»et vous en obtiendrez des merveilles. »

Le bataillon formé dans l'Aude par M. Redier,
avait son centre d'opérations au domaine de Gleyse.
Dès que les travaux extérieurs cessaient, la colonne
rentrait dans ses foyers, où elle trouvait toujours à
s'occuper. Les mêmes avantages n'existent pas pour
le bataillon qu'il s'agit de lancer de Paris sur la
province, où il faut une organisation toute spéciale;

il faut recruter des hommes, leur assurer la nourriture jusqu'à la pleine mise en activité de la colonne, il faut trouver du travail et régler les conditions de l'association.

Le Bataillon d'essai doit se composer de vingt jardiniers des plus experts; on leur adjoindrait un cuisinier, un comptable-arpenteur, deux charretiers-laboureurs, en tout vingt-cinq hommes. M. Redier s'en réservait la direction. 2,000 fr. suffiraient pour assurer le succès de l'expédition. Cette somme serait employée de la manière suivante :

Nourriture du Bataillon pour un mois à 1 fr. 25 c. par homme et par jour................F. 937 50

Haute paie garantie pendant un mois à chaque travailleur, en dehors de sa nourriture, à 25 cent. par homme et par jour... 187 50

Pour journées de solde à 1 fr. 50 c. tenues en réserve dans le cas de chômage....... 325 »

Achat de deux baudets pour le transport des bagages, nourriture d'un mois comprise. 300 »

Achat d'une petite charrette pour y placer les bagages.............................. 150 »

Ustensiles de cuisine................. 100 »

Total égal...................F. 2,000 »

Chaque associé serait tenu d'avoir un instrument, tel que pioche ou bêche, et de se munir d'une blouse et d'un chapeau d'uniforme.

M. Redier se charge de faire les fonds. Avant de se mettre en marche, il espère s'assurer des travaux, de telle sorte que le capital consacré à l'établissement du Bataillon, suffise pleinement à la réalisation de l'entreprise.

Cette première colonne, pourvue d'un réglement

intérieur, parcourait ainsi la France, elle s'arrêterait partout où elle rencontrerait de l'ouvrage, présenterait par l'ordre et la discipline de ces membres des exemples précieux pour le cultivateur ; elle porterait au loin dans les campagnes les plus arriérées la pratique des méthodes nouvelles, et l'usage des instruments perfectionnés. Elle serait un puissant véhicule de progrès, car avec les bagages, on placerait des instruments modèles, une collection de graines et un assortiment d'ouvrages élémentaires d'agriculture.

Les membres du Bataillon seraient soumis à un règlement fait par eux-mêmes. Les punitions pour inconduite, ivrognerie, défaut de service, consisteraient en une retenue plus ou moins longue des 25 centimes de haute paie. Le renvoi du Bataillon serait la peine la plus forte, son application rentrerait dans les attributions de l'assemblée générale, seule souveraine en cette matière.

Les bénéfices résultant du travail, de la vente des graines et des ouvrages d'agriculture, seraient répartis comme il suit, sur l'avis de la majorité :

Les premières rentrées serviraient à compléter le fonds social jusqu'à concurrence des 2,000 francs apportés par M. Redier. Le restant, déduction faite des salaires journaliers, se diviserait par tiers, dont un serait payé comptant, tous les trois mois, à chaque membre et par portions égales entre chefs et ouvriers ; le second tiers serait consacré à l'acquisition de terres incultes, dont le Bataillon opérerait les défrichements pour son propre compte ; le troisième tiers formerait un fonds de réserve qui serait employé suivant les décisions de l'assemblée générale.

Du reste, le Bataillon traiterait directement avec

les fabricants pour l'équipement de ses membres, chacun d'eux recevrait des soins médicaux, et en cas d'infirmité, les réserves du Bataillon fourniraient des pensions de retraite.

L'association entre les membres du Bataillon serait libre et volontaire, chacun d'eux aurait la faculté de se retirer toutes les fois qu'il trouverait à se caser plus convenablement selon ses goûts et ses facultés. Dans ce cas, la part de l'associé sortant serait liquidée.

Telle est, en aperçu, l'organisation que M. Redier entend donner à son Bataillon d'essai. Occupons-nous maintenant des Bataillons communaux ou cantonnaux.

VII.

Nous avons dit que chaque année une masse considérable de population se déplaçait, allait de certains départements dans d'autres pour y suppléer au défaut de bras pendant les travaux. Les Bataillons dont nous allons nous occuper auraient pour but de régulariser ces déplacements. Cette régularisation serait également profitable aux travailleurs qui émigrent et aux propriétaires qui reçoivent les émigrants. Tout, aujourd'hui, se fait au hasard, de telle sorte que rarement le nombre de bras qui vont s'offrir dans un pays est proportionné aux besoins qu'il s'agit de satisfaire ; l'organisation proposée par M. Redier tendrait à régulariser tous les mouvements de la population flottante des travailleurs.

Il suffirait pour cela d'établir dans chaque préfecture un bureau du travail. Ce bureau aidé des maires dans chaque commune serait chargé de faire la statistique de tous les travailleurs du département. Cette statistique comprendrait : 1º les journées effectives de travail dans le cours d'une année ; 2º les époques de chômage et la quantité de bras alors inoccupée ; 3º la proportionnalité entre les travaux et les travailleurs, le chiffre du déficit, si déficit il y a ; 4º le nombre d'habitants qui chaque année a recours à l'immigration ; 5º la durée et le lieu de l'émigration ; 6º l'époque, la durée et le chiffre des immigrations ; 7º enfin, la quotité des salaires pour les adultes, les femmes et les enfants.

Les renseignements fournis par les quatre-vingt-six préfectures seraient centralisés à Paris au ministère de l'agriculture et du commerce ; le résultat publié dans un ordre méthodique, serait envoyé à chaque chef-lieu de département. Le préfet insérerait le tout dans le recueil administratif, et les maires en donneraient connaissance à leurs administrés.

Avec une statistique ainsi faite, il serait facile de connaître quels sont les départements qui, à certaines époques de l'année, ont besoin de bras étrangers, quels sont ceux qui pourraient leur en fournir. Resterait à régulariser les déplacements de population, et c'est ce que M. Redier entend faire par l'organisation de ses Bataillons Agricoles communaux ou cantonnaux.

Il propose d'établir dans chaque commune ou tout au moins dans chaque canton, un Bataillon composé de tous les hommes valides, qui, suivant les exigences des localités, se transporteront dans les cantons, les arrondissements et les départements voisins pour y opérer par grandes masses les cultures suivant les saisons. Prenons un exemple qui fasse bien sentir toute la portée du projet de M. Redier.

VIII.

Nous avons dit que pendant l'hiver les paysans des Hautes-Alpes descendent en Provence et en Languedoc pour y louer leurs services, alors qu'il leur serait impossible de travailler dans leurs montagnes couvertes de neiges ; que d'un autre côté, pendant l'été, les Alpiens incapables de suffire à tous les travaux, appelaient à leur aide les Savoisiens et les Piémontais. Il s'agirait de régulariser tous ces déplacements qui se font au hasard. Pour cela, il nous suffirait d'établir un Bataillon Agricole dans chacun des 24 cantons qui forment le département des Hautes-Alpes. Ces Bataillons seraient très utiles dans un pays où le climat varie suivant qu'on s'élève sur ses plateaux ou qu'on descend dans ses vallées.

Ainsi, la partie basse de l'arrondissement de Gap présente à peu près toutes les cultures de la Provence ; tandis que la vallée du Champreau, peu distante de là, n'offre plus que des céréales, des prairies et de nombreux troupeaux. Dans l'arrondissement d'Embrun, la vigne, le mûrier, le pistachier réussissent rarement ; les saisons sont en retard de trois semaines sur l'arrondissement de Gap ; enfin, dans l'arrondissement de Briançon, le climat est des plus rigoureux. Il n'y a guère que cinq mois de belle saison, pendant lesquels il faut faire toutes les récoltes. C'est alors que les bras manquent nécessairement. Eh bien ! on pourrait corriger la nature et suppléer au défaut de population en organisant un Bataillon Agricole par chaque canton !

En effet, l'époque de la récolte des céréales, celle de toutes les cultures qui occupent le plus de bras, varie de plusieurs mois suivant que l'on est dans la partie basse ou dans la partie haute du département. Dans la partie basse la moisson se fait en juin, dans la partie moyenne en juillet, enfin dans les parties les plus élevées, telles que les cantons du Queyras, d'Orcierés, de la Prague, de Briançon, la moisson n'a lieu qu'en septembre. Or, qu'arriverait-il si chaque canton comptait son Bataillon Agricole? Au moment de la moisson dans les parties basses, les Bataillons des parties hautes accourraient; puis, ils se rabattraient vers la partie moyenne, entraînant avec eux les Bataillons des parties basses, jusqu'à ce qu'enfin parvenus au sommet des Alpes, ils arracheraient les moissons aux neiges que ramènent toujours la fin de septembre. Au point de vue des travaux intérieurs et d'été, l'organisation des Bataillons Agricoles serait donc un grand bienfait pour un département comme celui des Hautes-Alpes, où le climat varie avec chaque localité.

L'hiver venu, cette organisation serait bien plus inappréciable encore. C'est alors que des bandes de cultivateurs se dirigent vers la Provence, sans autre guide que la tradition. Formées en Bataillon, éclairées par la statistique du gouvernement, ces bandes ne marcheraient plus à l'aventure. Avant de se mettre en route, elles sauraient que, dans telles communes des Bouches-du-Rhône, par exemple, il y a des travaux à exécuter; elles auraient pu, d'avance, se mettre en rapport avec l'autorité locale, et s'assurer un atelier pour le jour même de leur arrivée; ce serait sans doute là une organisation bien préférable à celle qui existe aujourd'hui.

Mais quels sont les moyens proposés par M. Redier pour la création des Bataillons Agricoles cantonnaux?

IX.

M. Redier, dans son *Guide du cultivateur et du colon*, a tracé lui-même un système financier fort économique pour la réalisation de son idée. Il voudrait que tous les travailleurs valides d'un canton fussent associés entre eux, et que cette association eût d'abord un seul but : le défrichement des terres incultes de la localité. Chaque membre verserait à la caisse du Bataillon 50 centimes par semaine ; il continuerait à travailler comme auparavant ; aux époques de chômage, il s'occuperait du défrichement des terres incultes, il recevrait de la caisse du Bataillon un minimum de 1 fr. 25 c. par journée.

Supposons le Bataillon composé de 100 hommes seulement. A la fin de l'année, le prélèvement de 50 c. par semaine formerait 2.600 fr. Avec cette somme, on pourrait défricher quatre hectares de terre, et leur donner une plus-value quadruple des versements opérés. Chaque associé ayant versé 26 fr., aurait à la fin de l'année un dividende de 100 à 120 fr., représenté par les défrichements.

Les terres ainsi mises en culture, seraient divisées par petites fermes de 3 hectares. Le Bataillon éleverait sur chacune d'elles une petite habitation ; trente fermes formeraient un centre agricole d'où partirait la direction. Là on construirait un logement pour le directeur, et, suivant les localités, des étables pour 60 chevaux ou un nombre proportionné de bœufs, des bergeries, des magnaneries, des usines pour la transformation des produits ; chaque fermier de trois hectares donnerait à la direction 3,500 kilog. de foin, une égale quantité de paille, et 72 hectolitres d'avoine. En retour, la direction lui ferait ses labours, ses charrois et tous ses grands travaux; elle convertirait ses feuilles de mûrier en soie, ses vins en alcool, ses pommes de terre en fécule, etc.; elle lui ferait des avances de fonds, instruirait ses enfants, et lui remettrait le trentième des fumiers et de tous les bénéfices net.

Les défrichements ayant été opérés par le Bataillon, chacun de ses membres, d'après son rang d'ancienneté, deviendrait fermier de 3 hectares, resterait dans ses cadres actifs ou serait employé à la direction. Alors ses colonnes sans cesse renouvelées par ses recrues, pourraient se mettre au service des propriétaires de la localité, et guidées par *la statistique du travail*, faire des excursions plus ou moins lointaines, qui seraient pour chaque association une source de profits et pour la fortune publique un élément de progrès.

X.

Les Bataillons Agricoles, organisés comme nous venons de le dire, auraient sur l'agriculture une influence facile à calculer. La colonne modèle que M. Rédier est en voie de former serait une pépinière de maîtres jardiniers et de contre-maîtres ruraux, car ses maîtres trouveraient assurément dans leurs pérégrinations les moyens de se placer avantageusement, si tel était leur désir. L'ordre, le costume, la discipline de la petite armée industrielle impressionnerait vivement les cultivateurs, leur inspirerait le sentiment de leur utilité, de leur dignité et l'amour des travaux rustiques. Se figure-t-on l'impression que la petite colonne, avec son uniforme, ses chants, la bonne mine de ses membres, ses bagages artistement rangés sur sa voiture, ferait à son entrée dans un village? Quel enthousiasme cette subite apparition n'exciterait-elle pas dans l'esprit des malheureux cultivateurs, de ces êtres tellement délaissés par tous, que leur pensée fixe est de fuir les champs pour se retirer dans les villes!

La colonne serait pour chaque habitant le sujet des plus graves préoccupations. On voudrait la voir pendant ses repas, et on serait étonné de trouver de simples travailleurs mangeant de la viande et buvant du vin comme de bons bourgeois vivant de leurs rentes. Leur costume simple, mais parfaitement ajusté, contrasterait avec les habits informes et en guenilles de leurs hôtes. A l'air de propreté des uns, on opposerait l'air malpropre des autres. Ce n'est pas tout. Dès l'aurore, on suivrait le Bataillon sur le chantier. Là, sous l'empire de l'émulation, de la rivalité qui se développent dans les groupes, on verrait chaque compagnon ardent au travail, maniant avec une égale habileté la serpe et la bêche, faisant mieux et deux fois plus de besogne que les ouvriers les plus adroits et les plus robustes de la localité. Le soir, on les retrouverait après le dernier repas, encore entourés de leurs hôtes, avec lesquels ils s'entretiendraient des pratiques agricoles nouvelles et des progrès que l'agriculture locale pourrait accomplir. Le dimanche, à l'issue de la messe, le chef, en présence des autorités, passerait le Bataillon en revue. On se rendrait ensuite sur un champ d'expériences, où une sorte de concours s'établirait entre les hommes du Bataillon et les habitants sur le maniement de la charrue, de la serpe, de la bêche, de la faulx et des autres instruments aratoires. Après le concours, il y aurait une conférence sur les pratiques agricoles, puis la journée finirait par un repas fraternel où l'on boirait à l'émancipation du cultivateur. Enfin, au moment où ce Bataillon quitterait le village, en faisant le compte des travaux exécutés par lui et des salaires reçus, on verrait que la journée de chacun de ses membres serait deux ou trois fois plus forte que la journée ordinaire. Ces résultats pratiques impressionneraient vivement les populations rurales qui en seraient témoins.

XI.

Les colonnes d'essai auraient encore une mission bien plus importante à remplir : elles pourraient constituer en France le *professorat agricole ambulant*. C'est là une idée déjà vieille et qui, appliquée d'abord par Henri IV, a été renouvelée de nos jours. Henri IV avait établi des professeurs chargés de parcourir les provinces et d'enseigner la plantation, la culture, la taille du mûrier, l'éducation des vers-à-soie et toutes les opérations qui constituent l'industrie séricicole. Ce système, excellent sous tous les rapports, a été imité dans le Doubs par le docteur Bonnet, et plus récemment encore l'administration de l'agriculture avait chargé M. Guénon d'enseigner dans toute la France son ingénieuse méthode sur les *vaches laitières*.

Eh bien! les Bataillons Agricoles savamment organisés pourraient constituer le professorat ambulant. Que l'on suppose chaque colonne commandée par un chef intelligent: celui-ci, le soir, réunirait les habitants, et dans un entretien familier leur exposerait les vérités les plus saisissantes de la science. Et comme les chefs de bande seraient des hommes essentiellement pratiques, on n'aurait pas à craindre que leur enseignement ressemblât à celui qui est donné dans les chaires officielles par des agronomes de cabinet.

A un autre point de vue, l'institution proposée par M. Redier mettrait l'industrie agricole sur le même pied que l'industrie manufacturière. Les manufacturiers ont à leur service des ouvriers bien mieux exercés que les propriétaires, et cela tient au *tour de France* que font les ouvriers des fabriques, chose inconnue des travailleurs de terre. Avec des Bataillons Agricoles, les cultivateurs feraient aussi leur *tour de France*. Ceux du midi iraient dans le nord pour y étudier les cultures industrielles; ceux du nord descendraient vers le midi pour y apprendre la pratique des irrigations, etc. Tous retourneraient dans leur pays plus habiles et plus instruits. Le progrès agricole et la richesse publique n'auraient donc qu'à gagner à l'organisation proposée par M. Redier.

XII.

Que les amis de l'ordre véritable y songent! il est temps enfin que nos hommes d'Etat sortent du système déplorable suivi par eux, et qui menace de faire de la France un peuple de mendiants. Où en sommes-nous aujourd'hui après deux siècles d'efforts inouïs faits par le gouvernement pour développer les manufactures et le commerce au détriment de l'agriculture? Pourquoi les crises financières sont-elles si fréquentes? n'est-ce point parce que la population a délaissé l'industrie productive, l'industrie-mère pour courir après la fortune dans le commerce et les fabriques? Ah! si nous voulons empêcher la société de marcher vers sa ruine, à travers les convulsions de la guerre civile, chassons les marchands du temple et ramenons aux champs toutes les forces, hommes et capitaux, qui se sont engagés dans la fausse route du parasitisme. Ranimons l'agriculture par la constitution du crédit et des assurances agricoles; instruisons les cultivateurs, inspirons-leur le sentiment de leur dignité, de leur importance : organisons des colonnes des travailleurs, et on ne verra plus à côté d'hommes qui meurent de faim, faute d'ouvrage, des marais, des landes improductifs, des terres qui ne donnent pas le quart de ce qu'elles pourraient donner.

Le premier devoir d'un gouvernement sage, est d'utiliser toutes les intelligences, toutes les forces, toutes les aptitudes du pays qu'il administre. Nos hommes d'Etat seraient coupables au premier chef, si, faute de savoir les organiser, ils laissaient plus longtemps les travailleurs s'étioler dans la misère, alors que notre sol est assez riche pour les faire vivre dans l'abondance. Qu'ils y prennent garde! il pèse sur leur tête une terrible responsabilité!

Jacques DE VALSERRES.

A peine cette publication était-elle commencée, que plusieurs journaux de Paris, le *Constitutionnel*, l'*Assemblée Nationale*, la *Patrie* criaient au socialisme, dénonçaient au pouvoir comme perturbateur de la société, l'auteur du projet de Bataillons Agricoles, et en arrêtaient l'exécution.

L'*Echo Agricole*, journal semi-officiel, dans le but sans doute de prouver qu'il en savait plus que ses confrères de la *Presse* en matière d'agriculture, consacra deux ou trois colonnes de son numéro du 20 août, pour nous dire que son gouvernement avait bien autre chose à faire que de s'occuper d'une organisation toute en faveur des travailleurs de terre : et pourquoi, disait-il en terminant, pourquoi le citoyen Redier qui a déjà réussi, n'est-il plus avec son Bataillon ?

Nous avons compris la portée de ces dernières paroles, surtout et quoique M. le rédacteur de l'*Echo Agricole* ne soit rien moins qu'il n'est agriculteur, nous avons jugé cependant à propos de suivre ses avis. Nous sommes venus dans le département de l'Hérault, aider à l'organisation d'un Bataillon Agricole, et nous pensons que les résultats déjà obtenus seront de nature à faire comprendre, même à ceux qui ne sont pas agriculteurs, toute l'importance de cette organisation.

Pour rassurer aussi ceux qui nous appellent socialistes, rouges, partageux, nous donnons ici les statuts du 1er Bataillon Agricole, dont chacun pourra apprécier le but.

1er Bataillon Agricole de l'Hérault.

Article 1er. Il est formé par les présentes une association de travailleurs, hommes et femmes de la commune de Castries, qui ont approuvé et signé.

Art. 2. La durée de la Société est illimitée; elle commencera à partir du 1er novembre 1849.

Art. 3. Le but de la Société est d'éviter le chômage, au moment où manque le travail, et d'augmenter la fortune publique, par le défrichement des terrains improductifs.

La Société prend aussi à l'entreprise la mise en pleine valeur des domaines négligés.

Art. 4. L'association prendra la dénomination de Premier Bataillon Agricole de l'Hérault.

Art. 5. Le nombre de membres du Bataillon est illimité.

Art. 6. Il sera immédiatement procédé à la nomination d'un conseil de prudhommes, qui seront les juges suprêmes du Bataillon, ils connaîtront de toutes les infractions, à l'harmonie de l'association, ils seront le conseil de tous, pour le maintien des rapports amicaux entre les membres, et même leurs juges, pour des différends qu'ils pourraient avoir en dehors de l'association, si les parties y consentent.

Art. 7. Un conseil, dit de surveillance, composé de sept membres, sur lesquels un directeur, un sous-directeur, un secrétaire; on nommera séparément un trésorier.

Art. 8. Il sera aussi nommé divers comités et commissions, suivant que l'exigeront les circonstances.

Art. 9. Toutes nominations seront faites pour un an, à l'élection, par le suffrage universel.

Art. 10. Chaque membre du Bataillon sera tenu de verser une somme de trente-cinq centimes par semaine, entre les mains du trésorier.

Art. 11. Chacun sera libre de verser sa quotité en

argent ou en travail. Le prix de la journée aux défrichements, de la Société, sera toujours fixé, pour les hommes, à vingt-cinq centimes au-dessous du cours; et pour les femmes, à quinze centimes également au-dessous du cours.

Art. 12. Les diverses sommes provenant des versements hebdomadaires ou autres, serviront à payer toutes les dépenses, sur pièces justificatives et autorisées par l'assemblée.

Art. 13. Lorsque l'un des travailleurs manquera de travail, il en préviendra le secrétaire, qui lui délivrera un bon payable chez le trésorier, lorsque les journées auront été faites.

Art. 14. Dans le cas où le travail devrait servir à acquitter la quotité, le trésorier en donnera un reçu.

Art. 15. Il sera décidé en assemblée générale, par quel terrain on devra commencer l'exploitation; ils seront pris dans ceux déjà déclarés depuis six mois, afin de ne pas froisser les lois ni les usages du pays.

Art. 16. Le conseil de surveillance veillera continuellement à la bonne exécution des décisions prises par l'assemblée; il proposera les projets, etc., mais il ne pourra, en aucun cas, les mettre à exécution sans l'autorisation de l'assemblée.

Art. 17. Le secrétaire, faisant partie du conseil de surveillance, tiendra les écritures, dressera les procès-verbaux des séances, il sera également chargé de la levée des plans des propriétés du Bataillon.

Art. 18. Chaque fois qu'une certaine portion de terrain aura été défrichée, il sera décidé, en assemblée générale, si elle doit être affermée ou vendue pour le compte du Bataillon, ou si celui-ci doit se charger lui-même de l'exploitation, en suivant le plan établi par A. Redier.

Art. 19. Les membres du Bataillon pourront seuls être fermiers ou acheteurs des terrains mis en valeur, à moins cependant qu'il en fut décidé autrement par l'assemblée.

Art. 20. Le but final de la Société étant d'assurer à chacun une retraite dans l'avenir, deux tiers des fonds provenant de ventes ou fermages seront employés en défrichements nouveaux ou en achats de propriétés. Un tiers seulement sera payé à chaque membre lors du réglement, et le versement de trente-cinq centimes par semaine continuera comme par le passé.

Art. 21. Toutes les fonctions sont gratuites, le travail de bureau sera considéré comme travail aux défrichements ; chaque membre retirera lors du partage une portion proportionnelle aux versements opérés par lui, soit en argent, soit en travail.

Art. 22. Tout étranger qui voudra faire partie du Bataillon, après la clôture de la liste, devra d'abord en adresser la demande au conseil de surveillance, et verser ensuite entre les mains du trésorier une somme égale, en argent ou en travail, aux versements particuliers opérés depuis le dernier réglement jusqu'au jour de son admission.

Art. 23. Après quatre ans de service au Bataillon, tout membre qui, par suite de maladie ou infirmités, et faute de moyens, se trouverait dans l'impossibilité de verser sa quotité, n'en continuerait pas moins à recevoir sa portion comme les autres membres.

Art. 24. En cas de mort d'un membre du Bataillon, sa portion sera liquidée immédiatement et payée à ses héritiers.

Art. 25. Les écritures seront arrêtées au 1er janvier de chaque année.

Art. 26. Les achats, ventes ou autres actes de l'association, devront être revêtus de la signature d'un des prudhommes, d'un membre du conseil de surveillance, du secrétaire, du trésorier et de deux membres du Bataillon.

Art. 27. A mesure que de nouveaux Bataillons se créeront, le premier Bataillon s'empressera de se mettre en relation avec eux, afin de favoriser l'établissement d'un centre où tous travailleurs pourront ensuite connaître les chantiers qui manquent de bras.

Art. 28. Ce réglement, clos ce jour, est susceptible de recevoir les modifications nécessaires ; il est confié à la garde des citoyens et citoyennes ici présents, qui ont approuvé et signé.

Le Secrétaire, BRUN.

Afin de mieux comprendre la marche que nous avons suivie pour organiser le Bataillon de Castries, nous donnons ici les procès-verbaux des premières séances et un projet qui doit être discuté incessamment.

SÉANCE DU 1er NOVEMBRE 1849.

Quarante travailleurs de la commune de Castries se sont réunis ce jour pour se constituer en Société. Après une longue discussion des articles, les statuts qui précèdent sont adoptés à l'unanimité, et ont signé tous les membres présents.

On nomme ensuite un secrétaire pour recevoir les votes, et on procède aux nominations par la voix du suffrage universel, qui donne les résultats suivants :

Conseil d'administration et de surveillance.

(7 Membres et 2 Suppléants).

REDIER fils aîné, *Directeur.*

GRANIER (Jean), *Sous-Directeur.*

BRUN (Prosper), *Secrétaire.*

MAJUREL (Jean-Pierre).
DELON père.
BRUNEL (Joseph).
PÉRIDIER dit *Lapoire.*   } *Membres du Conseil.*

PAULET père.
VALAT (Jean-Vincent).   } *Membres Suppléants.*

PÉRIDIER (Paul-Cadet), *Trésorier.*

Conseil des prudhommes.

VENTAJOU (Bernard).

BONHOMME (Joseph).

REDIER père.

Ces nominations faites, le Conseil d'administration prend place au bureau, et le Président déclare la Société définitivement constituée.

Sur la proposition du citoyen Président, l'assemblée décide que toutes les délibérations des séances

seront signées des Membres présents du Conseil
d'administration, sans déroger toutefois à l'article
26 de l'acte de Société.

SÉANCE DU 1er DÉCEMBRE 1849.

Le Président ouvre la séance à 8 heures. Sur la
proposition d'un Membre, l'assemblée décide que le
but de la Société étant de donner du travail aux
ouvriers à l'époque des chômages, nul ne pourra se
faire remplacer pour acquitter sa cote mensuelle en
nature; chacun sera tenu de l'acquitter en argent ou
en travail qu'il fera lui-même.

Sur la proposition d'un autre Membre, l'assemblée
décide que les enfants des Membres du Bataillon et
les orphelins des deux sexes pourront être admis dans
la Société. Le Conseil d'administration sera chargé
d'établir, suivant l'âge et l'aptitude au travail de
l'arrivant, le nombre des journées qu'il devra faire
pour acquitter sa cote mensuelle, égale d'ailleurs pour
tous les Membres.

L'assemblée fixe à 1 fr. 50 c. le prix de la journée de
6 heures et demie de travail pour le mois de décembre.

La séance est levée.

SÉANCE DU 14 DÉCEMBRE 1849.

Sur la demande d'un certain nombre de membres,
l'Assemblée est convoquée extraordinairement. Les
Membres du bureau prennent leur place et le président ouvre la séance à 8 heures.

Le secrétaire donne ensuite lecture du procès-
verbal qui est adopté; mais après cette lecture, plusieurs membres exposent, successivement, que le

prix de 1 fr. 50 cent. pour tout le mois de décembre, peut être augmenté de 25 cent. pour la deuxième quinzaine, sans qu'il en résulte de perte pour les propriétaires.

L'Assemblée , prenant en considération le beau fixe de la saison qui permet de faire la journée plus longue en même temps que l'ouvrier exécute plus de travail, et toutes les observations de divers membres, décide que le prix de la journée de 7 heures de travail sera fixé à 1 fr. 75 cent. pour la deuxième quinzaine de décembre.

La séance est levée.

PROJET A L'ORDRE DU JOUR DE LA SÉANCE DU 1er JANVIER 1850.

On nommera une commission de cinq ou sept membres qui sera chargée de trouver un local convenable pour l'élève du porc et du lapin , en attendant que le Bataillon puisse le construire lui-même ; cette commission sera en outre chargée de l'achat, dans le courant de février, de dix femelles de lapin prêtes à mettre bas. Les femmes et les enfants du Bataillon seront employés à ramasser l'herbe ; une femme sera désignée pour vérifier ce que chacun aura ramassé dans la journée, et pour donner à manger à tous les bestiaux : elle rendra compte au secrétaire.

Telles sont les dispositions que la société a prises ou doit prendre pour assurer son développement ; le commencement , comme en toutes choses, a été difficile sans doute, mais grâce à la persévérance et à la confiance de chacun dans l'association, les résultats , comme on va le voir, ne se sont pas faits attendre.

SITUATION DU BATAILLON AU 1er JANVIER 1850, DEUX MOIS APRÈS SA CRÉATION.

Achat d'une sétérée (20 ares) de mauvais terrain inculte payable à la commune, en redevance ou définitivement.........................F. 20 »

190 journées d'hommes au défrichement, à
     F. 1 50.......................... 285 »

12 journées pour construire le mur de clôture, à F. 1 50.................. 18 »

35 soit 70 journées de femmes ou d'enfants
——   pour sortir des pierres, à 75 c...... 52 50
237 journées.

     Cette première sétérée a donc coûté F. 375 50

Pour la mettre en culture, sa valeur, à toute autre époque, eût été de 6 à 700 fr. (3,000 à 3,500 l'hect.); mais aujourd'hui l'on n'en offre que 500 fr. (2,500 de l'hectare). Admettons que le Bataillon veuille liquider même à ce bas prix, qu'en résulterait-il encore ? Que les 237 journées de travail reviendront à 2 f. 10 pour les hommes et 1 fr. 20 pour les femmes, au lieu de 1 fr. 50 c. pour les premiers, et 75 cent. pour les secondes, prix que les propriétaires trouvent encore trop élevé.

Est-ce clair ?

Que reste-t-il à ajouter pour faire comprendre aux travailleurs l'importance pour eux de l'association agricole ? N'y verront-ils pas une retraite assurée pour leurs vieux jours, et une caisse d'épargne plus sûre que celles fondées par le capital ?

Que les hommes intelligents et de cœur se mettent

donc à l'œuvre, que partout dans toutes les communes ils étudient les ressources que pourraient leur procurer soit les terrains incultes appartenant aux communes, soit les domaines négligés appartenant à des propriétaires ; que partout ils organisent l'association, et avant peu nos économistes se rassureront sur la question si inquiétante des subsistances, avant peu les travailleurs n'auront plus à courber servilement le front devant le mauvais maître.

La fortune publique et les communes retireront-elles des moindres résultats de l'organisation que nous proposons ? Nous allons répondre encore par des chiffres.

La commune de Castries possède environ 400 hectares de terres incultes, chaque hectare lui donne pour tout revenu annuel 1 fr. 50 c. à 1 fr. 75 c. pour droit de dépaissance ; d'après des calculs que nous avons eu souvent occasion de vérifier, les herbages consommés par des bêtes à laine produisent à peine 5 kilog. de viande par an et par hectare. Que proposons-nous ?

De payer à la commune 5 francs de revenu ou de faire produire à chaque hectare défriché une moyenne de 500 kilog. de viande au moins ou l'équivalent.

De pareils chiffres, dont chacun peut vérifier l'exactitude suffisent, nous le pensons du moins, pour faire prendre au sérieux, même par nos hommes d'Etat, la question des défrichements. Voyons maintenant quels seraient les avantages que retireraient les propriétaires de l'organisation des Bataillons Agricoles.

Ces pauvres propriétaires qui n'ont que 50 ou cent mille francs de revenu, parce que leurs domaines ne leur rapportent à peine que 2 ou 2 1/2 pour %, nous les plaignons bien sincèrement ; nous convenons avec eux que la plupart du temps on les vole , que leurs travaux s'exécutent avec aussi peu d'intelligence que d'économie, en un mot, que leurs domaines produisent à peine la moitié de ce que produisent les domaines où l'œil d'un maître capable surveille les plus petits détails de l'exploitation ; mais ces calamités que nous déplorons plus encore dans l'intérêt de la production générale du pays, que dans l'intérêt des propriétaires eux - mêmes , ces calamités, disons-nous , ne sont-elles pas la conséquence fatale de l'organisation actuelle des administrations agricoles en général? Dès qu'il y a un gérant dans une propriété, si petite qu'elle soit, le propriétaire veut aussitôt en faire un serviteur et voilà tout , il le paie aussi peu que possible et il se procure des espions, des courtisans , etc. , etc. , absolument comme dans la haute société ; et comme dans la haute société les flatteurs s'engraissent, sans produire même un grain de blé , aux dépens de qui les écoute.

Dans de pareilles circonstances , si un propriétaire habitant la ville, tient à honneur de faire des expériences, il les ordonne sans même se donner la peine de faire partager ses idées au gérant chargé de l'exécution ; mais à peine a-t-il tourné le dos, que les affaires reprennent leur train comme auparavant, et il n'est plus question de l'expérience qu'au chapitre des dépenses.

Telle sont les causes principales auxquelles nous attribuons la médiocrité des revenus de la grande propriété , et nous avons la conviction profonde que toutes disparaîtront du moment où des Bataillons Agricoles intelligents pourront traiter à forfait avec les propriétaires pour tous les travaux que réclament leurs champs ; leurs revenus augmenteront en même temps que la fortune publique et le bien-être des travailleurs , et l'on n'aura plus à redouter ces révolutions continuelles qui commencent toutes dans l'estomac. En résumé, nous dirons que de la création des Bataillons Agricoles , naîtraient les moyens de défricher les terrains incultes avec moins de frais possible , de reboiser nos montagnes , d'exécuter les grands travaux de desséchement et d'irrigation qui doubleraient les produits du sol , de construire de vastes établissements pour l'élève en grand des bestiaux que la petite culture ne peut faire avantageusement , de créer des emplois utiles à des milliers de jeunes gens qui végètent dans les villes, et enfin d'apporter une amélioration réelle au sort des travailleurs des champs, desquels, jusqu'à ce jour, tous nos gouvernements n'ont fait que semblant de s'occuper.

Disons donc tous avec Pierre Dupont :

> Changeons les instruments de la guerre
> En des intruments de labour ;
> On n'arrète pas le murmure
> Du peuple quand il dit j'ai faim ,
> Car c'est le cri de la nature ,
> Il faut du pain, il faut du pain.

AUX OUVRIERS DE L'INDUSTRIE.

De même que l'agriculture et l'industrie, ces deux branches principales de notre arbre enciclopédique actuel, sont inséparables pour l'harmonie de la production, de même ouvriers des champs, ouvriers des villes nous devons concourir ensemble au bien-être général.

Dans cette pensée, l'Association Agricole de Castries admet, sans distinction de sexe ni d'état, les ouvriers de l'industrie à bénéficier de tous les avantages qu'elle présente, et l'étendue des terrains incultes est assez vaste pour nous permettre de recevoir de nombreuses adhésions.

Ouvriers de l'industrie, venez donc à nous ; unis par la pensée, unissons-nous dans un intérêt commun et marchons, en nous donnant la main, aux conquêtes de l'avenir.

———

Les adhérents sont priés d'envoyer franco leurs nom, prénoms, profession et le lieu de leur résidence,

A l'administration du 1ᵉʳ Bataillon Agricole de l'Hérault, à Castries.

Chapitre II.

Des Terrains Incultes en général.

En présence de la révolution intellectuelle qui fait chaque jour de nouveaux progrès et au moment où l'amélioration du sort des travailleurs devient une urgente nécessité, la question du défrichement des terrains incultes devrait attirer toute la sollicitude de nos législateurs, de nos hommes d'Etat ; mais la plupart acharnés à leur politique égoïste et toute d'ambitions personnelles, oublient que le salut de la France est tout entier dans l'agriculture. On encourage et on multiplie les manufactures, les usines, et on s'inquiète à peine si la matière première ne fera pas défaut. Pour l'embellissement d'un quartier, pour le redressement d'une rue dans une ville, on fait exproprier des maisons par centaines pour cause d'utilité publique. Mais on se garde bien de faire des lois qui autorisent l'expropriation des terrains incultes pour cause d'utilité publique, car on s'intéresse encore beaucoup plus au superflu du riche qu'au morceau de pain du pauvre.

Un économiste célèbre de nos jours a dit : *la propriété, c'est le vol !* Que doit-on en croire, quand on songe que, pour faire manquer le travail, les propriétaires peuvent impunément négliger les cultures de leurs terres et qu'ils pourraient même se coaliser pour combiner une disette? Nous ne sommes pas communistes et encore moins partageux, nous voulons au contraire, sincèrement, le respect de la propriété ; mais nous ne reconnaîtrons jamais comme juste le droit de quelques propriétaires de limiter la production, non plus que de posséder incultes des terrains dont chaque sillon serait une richesse de plus pour le pays. Que l'on se hâte donc de faire pour l'amélioration de l'agriculture des lois semblables à celles qui favorisent l'embellissement des villes, et alors seulement l'encouragement agricole ne sera plus une dérision, et la propriété n'en sera que plus respectable et respectée.

La France possède cinq millions d'hectares de terrains incultes défrichables, qui nourrissent à peine quelques milliers de bêtes à laine, tandis que cultivés, ils pourvoiraient largement à la subsistance de plus de 10 millions de personnes.

Certaines communes rurales ont proposé de partager ces terrains incultes par tête d'habitant ou par famille ; mais quoique juste en apparence, cette mesure n'atteint pas le but qu'on se propose ; car s'il faut à un ouvrier sept ou huit cent journées de travail pour défricher un hectare et s'il ne peut y en employer que soixante ou soixante-dix de dimanches ou de chômages dans l'année, et en admettant qu'il ne doive jamais se reposer, il est certain qu'après le partage il aimera mieux vendre à vil prix sa portion à un accapareur, que de conserver un instrument de travail dont il ne pourrait se servir.

D'autres ont fait la proposition de concéder les terrains à ceux qui les défrichaient, mais cette mesure serait inique à l'égard des ouvriers, car les riches propriétaires avec leurs attelages pourraient en peu de temps s'emparer de tout.

D'autres enfin proposent de donner une somme d'argent aux ouvriers pour défricher, comme on l'a fait pour l'Algérie. Mais il suffit que le gouvernement, voulant faire de l'agriculture sans agriculteurs, ait hasardé une fois cinquante millions en Algérie pour qu'il ne veuille pas recommencer ; car il doit s'apercevoir déjà que les colons, par le fait de l'isolement, ne pourront suffire pour récolter ce qu'ils ont semé bien ou mal, et rien ne garantit qu'après avoir reçu l'argent pendant trois ans, les colons ne laisseront, par paresse ou par ignorance, détériorer leur domaine ; il n'y a qu'un moyen de faire de ces terrains une répartition juste et profitable à tous, et c'est par la création des bataillons agricoles que l'on pourra l'atteindre.

Il existe encore un moyen d'arriver à ce résultat : nous n'en parlons ici qu'en passant et pour mémoire ; ce moyen serait d'envoyer à la représentation nationale un plus grand nombre de cultivateurs, non pas de ceux qui se disent tels et qui profitent du moment des élections pour être polis envers les paysans, et pour faire payer par leurs hommes d'affaires quelques 25 centimes de plus de la journée ; mais de vrais cultivateurs, de ceux dont nous avons déjà parlé, qui mettent la main à l'œuvre et qui savent faire rapporter plus de 2 p. % à leurs domaines.

Et tant que ces cultivateurs, qui forment les deux tiers de la population, ne seront pas représentés dans cette proportion, nous ne devons guère nous attendre à voir diminuer d'une manière sensible l'étendue de nos terrains incultes.

4.

Voici, d'après la statistique, la position de ces terrains :

Régions septentrionales   1,253.115 hectares
»   centrales   1,826,482   »
»   méridionales .. 4,685,115   »

TOTAL. 7,764,712 hectares.

De terres improductives en landes, dunes ou marais, sur lesquels deux millions d'hectares environ formés de Rochers ne pouvant produire que quelques arbres, ne donneraient de longtemps de revenu ; mais 1,500,000 hectares environ de terrains salés qui s'y trouvent compris, fourniraient, avant deux ans, une augmentation considérable de subsistances.

C'est l'importance de ces terrains, dont la culture est peu connue, qui nous a déterminé à nous en occuper particulièrement, c'est surtout là où les travaux méritent d'être exécutés rapidement, afin de prévenir l'époque de la maladie ; c'est là, disons-nous, que l'institution des Bataillons agricoles sera d'une très haute importance.

DES TERRAINS SALÉS ET MARÉCAGEUX.

Le cultivateur doit être prudent en arrivant sur une nouvelle terre ; la théorie et l'argent ne suffisent pas toujours pour cultiver avec profit. Nous allons en donner un exemple.

Vers le milieu du siècle dernier, quelques agronomes anglais et, avant eux, des hollandais, avaient déjà traité la question si importante du dessalement des marais ; mais les grands travaux d'endiguement qu'ils proposaient ne purent jamais être entrepris par les petits cultivateurs fermiers, alors qu'ils louaient à bas prix des terrains plus sains et plus fertiles. Quant aux grands seigneurs, propriétaires de la plupart de nos vastes plages et marais, ils préféraient se les réserver pour la pêche et la chasse ; d'ailleurs, ils ne s'occupaient pas de l'agriculture.

Les seuls travaux de desséchement exécutés par quelques communes le furent toujours en vue de l'assainissement plutôt que de la culture, car ces terrains étant reconnus impropres à la production, on les abandonnait aux joncs et aux roseaux.

Les choses prirent une autre tournure dès le commencement de notre siècle, alors que d'une plus grande division du sol nâquit un plus grand nombre d'intéressés à sa production. Les cultivateurs s'approchèrent du marais et de la plage et commencèrent par en défricher prudemment les bords ; leurs premiers essais sur ces parties ne pouvaient manquer de réussir, car les détritus de joncs et de roseaux qu'elles produisaient, depuis bien des années, avaient formé une couche arable assez épaisse pour empêcher le sel de remonter même après la culture.

Alléchés par ce premier succès du petit cultivateur, des spéculateurs se formèrent bientôt en compagnies pour opérer en grand sur ces nouvelles terres et ils achetèrent des domaines de plusieurs mille hectares d'étendue ; mais les habitants de la localité ne virent pas d'un bon œil l'établissement de ces compagnies ; les propriétaires par jalousie peut-être, le braconnier parce qu'elles venaient usurper ses droits, et l'ouvrier parce qu'il ne pouvait plus prendre ce qu'il voulait dans le marais, en sorte que les gérants de ces compagnies, presque tous nouveaux sur ces terrains, ne pouvaient même prendre des conseils des gens du pays (les cultivateurs savent combien c'est important toutes les fois que l'on veut opérer sur une nouvelle terre), et les patrons, tous gens de finance, croyant pouvoir traiter un défrichement salé comme une opération de banque, voulant toujours aller vite, afin de réaliser bientôt des bénéfices, dépensaient en quelques mois sur ces terres ce qu'ils n'auraient dû y dépenser qu'en plusieurs années.

Les résultats de leurs fausses manœuvres ne se firent pas attendre ; après avoir dépensé des sommes énormes en canaux, digues et labours, la plupart de ces compagnies fut obligée d'abandonner ou de céder à d'autres compagnies, car le sel qui n'était qu'à quelques centimètres sous terre, apparut bientôt à la surface, et la céréale sur laquelle on avait compté, n'y germa plus.

Pendant ce temps, le petit cultivateur se livrait à d'autres essais, il recouvrait la terre de joncs et de roseaux après l'avoir ensemencée, et y tentait la culture de la garance, en semis d'abord, puis en repiquage. Dans d'autres localités, au contraire, épouvantés par l'insuccès de riches compagnies, les cultivateurs n'osaient entreprendre aucun travail dans leurs terres salées et préféraient attendre, comme autrefois, qu'à force de temps (20 à 25 ans) et d'arrosage, leurs prairies se formâssent d'elles-mêmes.

La culture des terres salées en était à ce point, lorsque l'introduction de la culture du riz en France est venue depuis quatre ans faire concevoir de nouvelles espérances pour les champs qui peuvent être mis en rizières. Nous dirons seulement en passant de cette culture que, pour qu'elle soit praticable, il faut un climat au moins aussi chaud que celui du midi de la France et une quantité d'eau d'arrosage en rapport avec la perméabilité du sous-sol, de telle sorte que l'on puisse en maintenir dans les carrés une hauteur de 20 à 25 centimètres, et la renouveler de temps en temps pendant les cinq mois de la végétation du riz.

Les terrains argileux, imperméables, sont les meilleurs pour cette culture et la quantité d'eau d'arrosage nécessaire est alors de 90 mètres cubes environ par jour et par hectare. Toutes les fois que ce mode de dessalement est praticable, les cultivateurs ne sauraient en employer d'autre avec plus de succès, car outre que la culture du riz dessale promptement les terres, elle est d'un très grand rapport.

La culture du riz n'est pas très salubre, il est vrai, mais comme elle se pratique ordinairement dans les localités déjà malsaines, elle concourt puissamment à les assainir par le renouvellement des eaux qu'elle nécessite et par l'exhaussement du sol, conséquence naturelle de l'introduction d'eaux bourbeuses à chaque crue de la rivière qui les alimente.

Dans les localités où les terres salées arrosables sont trop près des villes ou villages pour que l'on tolère la rizière, les propriétaires se contentent de former des champs de 1 ou 2 hectares, au moyen de

digues de 60 à 80 centimètres de hauteur, d'y intro-
duire autant d'eaux limoneuses que possible et de les
tenir entièrement submergées pendant l'hiver. A la fin
de l'été, ils fauchent les joncs ou les roseaux qu'ils
vendent à un très bon prix, du reste, pour cuire la
tuile ou faire des litières. Après vingt ou vingt-cinq
ans, la terre se trouve exhaussée et le roseau, à force
d'être fauché, a fait place à une herbe plus fine et à
un petit trèfle jaune qui forme un excellent fourrage
très goûté des animaux.

Jusque-là, c'est très bien; l'opération a été longue,
il est vrai, mais elle paraît bonne, elle donne pour
résultat une prairie qui fournit une première coupe
de 5,000 kilog. de bon foin par hectare, une coupe de
regain de 2,500 à 3,000 kilog. et quelquefois une
troisième coupe.

Malheureusement la prairie ne peut pas toujours
durer; elle se détériore, au contraire, plus vite qu'on
ne pense, car alors on ne doit plus la submerger
d'eaux troubles, et lorsque les eaux deviennent claires,
elles sont trop basses pour l'arrosage.

Combien de propriétaires ont aujourd'hui le regret
d'un exhaussement trop précipité! Ils n'osent pas défricher leurs prairies, devenues mauvaises par l'impossibilité où ils sont de les arroser, car ils savent
que le sel, cet ennemi redoutable, est là, à quelques
centimètres, sous l'herbe même, prêt à apparaître au
premier coup de charrue.

Il y avait un moyen bien simple d'éviter cet inconvénient pendant que les terres étaient encore basses;
il consistait à abattre les roseaux chaque année dans
de profonds sillons creusés à la charrue, à arroser et
renouveler l'eau fréquemment, au lieu de la laisser
se saturer de sel et croupir pendant plusieurs mois.
Par ce moyen, la terre se dessalait presque aussi vite

que par la culture du riz , et la couche meuble de la surface se trouvait assez épaisse pour empêcher le sel de remonter même après la culture.

Avec l'eau et le fumier. en agriculture , on fait des miracles , a-t-on dit de tous les temps ; aussi les compagnies de spéculateurs , voyant d'immenses marais arrosables , et garnis de roseaux et joncs pour faire du fumier, s'y étaient jetés avec fureur, croyant y faire des miracles d'argent , ils avaient dédaigné les terres non arrosables.

C'est surtout de ces terrains que nous allons nous occuper ; et, comme nous l'avons déjà dit , leur culture est applicable aux autres terrains non salés , suivant qu'ils se rapprochent plus ou moins, par leur position et leur composition , d'une des trois classes que nous allons former des terrains salés.

DE LA CULTURE DES TERRES SALÉES

NON ARROSABLES.

Restés dans le domaine de la petite culture , ces terrains purent être exploités par les petits cultivateurs , et leurs essais ne furent pas infructueux , car à défaut d'argent ils avaient, de plus que les riches compagnies, une meilleure pratique , résultat d'une plus longue expérience.

Avant d'examiner ces divers terrains, tant au point de vue de leur composition que de leur culture. nous dirons un mot de la capillarité, phénomène par lequel s'opère l'ascension du sel à la surface de la terre.

Tout le monde sait qu'en enfonçant dans un vase plein un tuyau par un bout. et aspirant par l'autre, on fait monter le liquide ; tel est à peu près l'effet de la capillarité. Les pores de la terre forment autant de petits tuyaux à travers lesquels le sel est attiré par la matière, l'eau et le soleil. Il est dès lors facile de concevoir pourquoi le sel ne remonte plus au-dessus d'une couche de terre meuble, et pourquoi l'on trouve, au pied de plantes salines, quelques graminées dont la graine n'aurait pu lever en plein champ salé. Dans le premier cas, la culture produit sur les tubes de la terre le même effet que produirait un grand nombre de trous sur le tuyau dont nous avons parlé. Dans le deuxième cas, c'est parce que l'abri, formé par la plante saline, ralentissant l'action du vent et du soleil, a favorisé le dessalement d'une portion de terre, que la graminée a pu y germer. Il s'ensuit de là, qu'il faut recouvrir les terres salées, afin de multiplier les abris, et les remuer aussi souvent que possible, afin d'empêcher les tubes capillaires de se reformer par le tassement.

Les terrains salés étant plus ou moins sujets de la capillarité, suivant leur composition et leur tassement, nous en formerons trois classes.

1º Les terrains d'alluvions de fleuves ou de rivière;

2º Ceux formés de sable de mer, mélangés de vase et de toute espèce de détritus qui se trouvent dans les étangs ;

3º Enfin, les sables arides qui, une fois repoussés sur la plage par les vagues de la mer, restent pendant un certain temps mobiles au gré des vents.

Ces derniers peuvent n'être pas formés sur le lit même de la mer.

DES TERRAINS DE PREMIÈRE CLASSE.

Les terrains d'alluvion, qui sont généralement riches en humus et composés d'un heureux mélange de sable et d'argile, peuvent être considérés comme les plus fertiles ; arrosables dès leur formation, ils conservent encore longtemps après qu'ils ne le sont plus, le germe de certaines plantes aquatiques qu'ils produisaient dans leur état primitif de marais ; mais c'est surtout le roseau *(arundo phragmites)* dont les racines se trouvent jusqu'à deux mètres en terre, qui persiste le plus longtemps. Pour le détruire, il suffit de le sarcler ou de le faucher souvent. Coupé en vert, pendant qu'il est encore tendre, il fournit une excellente nourriture pour les bestiaux.

Lorsque le terrain est plus sec, on y voit apparaître le salicor, la blanquette, etc., et enfin l'astère après que les champs ont été labourés ; cette plante se multiplie considérablement dans le courant de l'année où la terre est laissée en jachère, mais on vient facilement à bout de la détruire, ainsi que les autres, par une bonne culture.

Quant aux arbres et arbrisseaux, on n'en rencontre que très peu qui soient venus naturellement, et encore est-ce sur d'anciens canaux comblés, là où la terre n'est presque plus salée.

De la culture du tamarix.

Le tamarix seul parmi les arbres ou arbrisseaux réussit dans ces terrains, et sa culture y est profitable. Coupé tous les trois ou quatre ans, à 4 ou 5 c. de terre, il fournit en quantité un excellent bois à brûler.

Quelquefois on le laisse venir en arbre sur un seul pied, et on en trouve sur les bords même d'étangs baignés par les eaux salées, atteindre une hauteur de 5 à 6 mètres sur un tronc de 25 à 30 c. de diamètre; mais ce dernier mode de culture n'est pas avantageux.

On multiplie le tamarix par boutures prises autant que possible sur de jeunes pousses. Après les avoir mises à tremper pendant quelques jours, on taille en sifflet une extrémité de la bouture, et on l'enfonce à 20 c. en terre, laissant un intervalle de 30 c. environ entre chaque plant.

Si l'on veut établir des haies de tamarix, on creuse à 80 c. l'un de l'autre deux sillons parallèles avec la bêche ou la grande charrue à versoir, en ayant soin de renverser la terre sur l'entre-deux, et l'on pique deux rangées de boutures sur cet entre-deux, à 5 c. de chaque bord intérieur, les sillons restant libres pour former des rigoles d'écoulement.

Lorsqu'on établit une haie sur le bord d'un fossé, il est bien entendu que l'on n'a qu'un sillon à creuser.

La reprise du tamarix est prompte, lorsque la plantation en est faite à propos, c'est-à-dire au moment où la sève commence à monter (janvier, février), et, pour peu que l'on en prenne soin pendant les deux premières années, on pourra les mettre en coupe réglée à partir de la 4e ou 5e.

Les coupes doivent être réglées de manière à ne pas dégarnir toute la haie dans la même année; car, outre le revenu en nature que l'on en retire, ces haies forment des abris très avantageux pour les autres cultures, dans ces contrées exposées à de fréquents vents violents, et généralement dégarnies d'arbres.

Enfin, lorsqu'on défonce une haie qui a porté du

tamarix pendant quelques années, le terrain qu'elle occupait se trouve non-seulement dessalé, mais encore enrichi du détritus de sa feuille, mélangé de terre provenant du recreusement des petites rigoles ; les racines du tamarix se décomposant facilement, concourent puissamment à l'amélioration du sol.

De la culture des arbres.

A mesure que la terre se dessale, les arbres y croissent dans l'ordre où on les rencontre en remontant. Ainsi, on trouve d'abord le saule noir, le blanc, le verne, le pin maritime, le cyprès, le peuplier blanc, le peuplier d'Italie, le peuplier de la Caroline, le platane, l'orme, le frêne, et enfin tous les arbres du pays. Les arbres à fruits à pepin y viennent mieux que les arbres à noyaux, et la vigne y donne de grands produits.

La culture des arbres dans les terres plus ou moins salées se pratique comme partout ailleurs, mais pour que leur réussite soit complète et leur venue plus prompte, il est quelques soins de plus à prendre lors de la plantation. Ainsi, au lieu de planter les arbres dans des trous, il faut creuser un fossé de 1 mètre de largeur et de 60 à 80 c. de profondeur, ayant une légère pente ; jeter dans le fonds du fossé un lit de fagots de vigne ou d'autre bois, de 30 à 35 c. d'épaisseur, et le recouvrir d'une couche de 15 c. d'épaisseur de la première terre du fossé ; placer l'arbre au-dessus, en ayant toujours soin d'entourer les racines de la meilleure terre, et combler le fossé dans l'intervalle des arbres avec la terre qui provient du fond.

Quelque élevée que puisse paraître la dépense occasionnée par ce travail, on ne doit jamais négliger de le faire ; il vaudrait mieux ne pas planter, ou planter seulement du tamarix ; car, en même temps qu'elle détruit l'effet de la capillarité, l'opération dont nous venons de parler favorise l'écoulement des eaux saumâtres qui se trouvent toujours dans les couches inférieures de ces terres, et prépare une couche de détritus où les jeunes racines ne tardent pas à venir puiser des sucs nourriciers.

Au contraire, lorsque les arbres sont plantés dans des trous où les eaux croupissent, ils languissent très long-temps, et nous en avons vu, dans ce cas, dont le diamètre de la tige avait à peine augmenté de 1 c. en cinq ans.

Que l'on compare le produit de l'arbre qui vient bien avec celui qui met quelquefois dix ans avant de porter, et l'on verra si l'on doit hésiter à bien soigner une plantation.

Le mode de plantation que nous proposons est applicable à tous les terrains marécageux, salés ou non ; la dépense est de 60 à 75 centimes le mètre courant, soit 3 fr. à 3 fr. 75 c. par arbre, non compris le plant, dans une plantation à 5 mètres.

De la taille des arbres.

La taille des arbres dans les terrains salés ne diffère en rien de celle pratiquée partout ailleurs ; seulement, pour les arbres à haute futaie, on doit tenir la tige plus basse et éclaircir la tête pendant les premières années, à cause des grands vents qui peuvent les déraciner ou les casser.

La taille des arbres à haute futaie, dont on destine les branches et les feuilles aux bestiaux, se fait ordinairement au mois d'août ou septembre. On fait

des fagots qu'on laisse un peu sécher, et on les enferme pour l'hiver.

L'élagage ou taille des saules se fait tous les trois
ou quatre ans, au mois de février, et le plus près
possible du tronc; mais, si l'on veut avoir de grandes
perches, on se contente d'émonder les branches
chaque année au mois de mars.

L'époque de la taille du mûrier est aussi bien le
printemps comme l'automne, lorsqu'il s'agit d'un
simple élagage de branches mortes ou qui ont été
endommagées en ramassant la feuille. Mais, si l'on
doit couper de fortes branches. il convient d'attendre
après les gelées.

Il en est de même de l'Olivier, avec cette différence qu'il ne faut tailler celui-ci que tous les trois
ou quatre ans, lorsqu'il commence à trop se charger
de bois et de rameaux.

L'époque de la taille des arbres à fruits à pepins
commence au mois d'octobre et finit en janvier, celle
des fruits à noyaux commence en mars et finit en
avril. On termine par celle du pêcher.

Le but de la taille, en retranchant une partie des
branches. est de rendre la sève plus abondante à
celles qui restent et d'améliorer ainsi les fruits; pour
les arbres qui ne produisent que du bois. le but de
la taille est de leur donner la forme que l'on désire,
et pour les uns comme pour les autres, elle sert à
maintenir l'équilibre entre les branches.

La taille des arbres demande plus d'intelligence
que d'adresse, et quoique l'on sache très bien manier
l'outil, chose indispensable d'ailleurs, cela ne suffit pas.

Avant de se mettre à l'œuvre, il faut examiner
l'arbre dans son ensemble pour juger de sa forme et
de l'équilibre de ses branches, et visiter ensuite
chacune de ses parties.

3.

On commence par retrancher les parties cariées , le bois mort, le bois gourmand, et enfin les branches à bois et aussi quelques-unes à fruit qu'on juge devoir être taillées. Pendant l'opération , on s'éloigne de temps en temps de l'arbre pour juger de l'ensemble du travail.

1° Il faut faire les coupures franches, unies et en sifflet , de manière que l'eau ne puisse séjourner dessus ;

2° Ne laisser ni tronçons ni chicots sur la partie amputée ;

3° Laisser à l'arbre la forme que la nature lui imprime , à moins qu'on ne veuille lui en donner une d'agrément.

4° Avoir appris d'un praticien à distinguer les branches à fruits de celles à bois. Les premières sont petites , courtes , nourries , et ont des gros boutons bien ronds. Les autres sont les grosses branches destinées à former la tête de l'arbre, et aussi celles venues sur la taille de l'année précédente.

De la greffe des arbres.

Avant d'essayer de greffer soi-même un arbre , il est bon , de même que pour la taille , de l'avoir déjà vu faire. On greffe les poiriers, les pommiers et tous les arbres à fruit à pépin les uns sur les autres , et mieux encore sur cognassier.

Il en est de même des arbres à noyaux entre eux ; mais l'abricotier et le pêcher se greffent plus particulièrement et plus avantageusement sur amandier.

L'époque de la greffe est ordinairement fin février ou mars , au moment où les arbres sont en pleine sève.

On greffe de plusieurs manières ; mais nous ne parlerons que des quatre principales. Greffes en fente, en couronne, en flûte, en écusson.

Pour la greffe en fente, il faut couper la tête de l'arbre ou une des principales branches, et fendre dans le milieu jusqu'à une certaine profondeur, de manière à pouvoir insinuer dans la fente une branche greffe que l'on prend d'un autre arbre et dont on taille l'extrémité en forme de coin ; l'insertion terminée, on recouvre et on ligature la fente avec de l'écorce d'arbre, on enduit le tout de poix ou d'argile délayée, mêlé de vanne ou de bouse de vache, de manière à empêcher l'air de pénétrer, et on taille la branche-greffe en lui laissant trois ou quatre yeux.

La greffe en couronne se fait à peu près de la même manière ; sur les gros troncs que l'on craindrait d'endommager en les fendant par le milieu, on pratique quatre ou cinq et plus de fentes encore autour de la couronne, entre l'écorce et le bois, et l'on y introduit autant de branches-greffes que l'on recouvre et que l'on taille comme pour la greffe en fente.

Pour la greffe en flûte, l'on coupe une petite branche à quelques centimètres du tronc, et l'on enlève l'écorce du bout sur une longeur de 3 ou 4 centimètres ; on choisit une branche-greffe de même dimension sur un autre arbre et on en détache une portion d'écorce avec un ou deux yeux qui s'appliquent exactement sur la partie dépouillée ; on ligature et on enduit en prenant soin de ne pas couvrir les yeux des greffes.

La greffe en écusson est celle qui se pratique ordinairement pour l'olivier. On coupe sur un bon arbre une petite portion d'écorce de forme triangulaire ayant un bon œil au milieu ; on fait une incision en forme de T sur une partie unie de branche ou du tronc même si l'on opère sur un jeune olivier; on écarte avec le dos de la lame d'un couteau les bords de l'ouverture et on y place l'écorce de greffe sur laquelle on rabat les bords et on ligature.

Il faut bien faire attention que la greffe appuie exactement sur l'arbre et que l'œil ne soit pas couvert. L'opération terminée, on surveille les greffes et l'on détruit au fur et à mesure tous les petits bourgeons qui naissent à l'entour sur le sauvageon.

Une bonne pratique pour la greffe des jeunes oliviers, c'est de leur couper la tête en janvier ou en février pour les greffer en mars, au moment où la sève commence à partir.

Nouveau mode de plantation de la vigne.

La vigne vient bien dans les terres qui commencent à se dessaler; mais ses produits, quoique très considérables, sont d'une qualité tellement inférieure, que nous hésitons à croire avantageuse sa culture, telle du moins qu'on la pratique aujourd'hui.

Sur tout le littoral du midi de la France, on plante la vigne en quinconce, à 1 mètre 50 centimètres et les plants enfoncés en terre de 50 cent. environ. Dans certaines localités, on plante le sarment droit, après avoir percé un trou avec une tarrière; mais ce mode est très vicieux dans les terrains bas, car l'extrémité du plant se trouvant alors dans l'eau saumâtre, ne pousse aucune racine et fait languir la végétation. Dans d'autres localités, on couche le sarment et on le coude avec le pied, dans un trou fait à la pioche ou à la bèche, à 20 ou 25 centimètres de profondeur.

Ce mode est plus avantageux, car la vigne étant

une plante à racines traînantes , on ne doit pas l'en-
foncer dans les régions où elle ne trouverait pas à se
nourrir ; mais afin de mettre un plus grand nombre de
nœuds en état de fournir des racines , il faut coucher
le plant à 30 ou 35 centimètres de profondeur et
le couder en le redressant, sans le casser, de manière que 50 centimètres de la tige se trouvent dans
la terre.

Quant à la disposition des plants entre eux , l'expérience et l'observation nous ont convaincu que celle
en quinconce n'est pas la meilleure. En effet , si l'on
jette un coup-d'œil sur les premières rangées d'une
vigne voisine d'une terre à blé ou à fourrage , on ne
pourra s'empêcher de reconnaître que leurs produits
sont plus considérables , et que les ceps eux-mêmes
sont d'une plus belle venue que ceux du milieu de la
vigne. La qualité des produits est supérieure aussi ;
car au lieu de se nourrir exclusivement de la masse de
fumier que l'on enfouit au pied des souches de l'intérieur de la vigne , les racines ayant un plus grand
espace à parcourir, vont chercher plus loin les sucs
d'engrais normaux, provenant des détritus d'autres
plantes et on fume moins.

Ces considérations et la diminution continuelle du
prix des vins doivent faire songer sérieusement les
vignerons à tirer un meilleur parti de leurs vignes en
les plantant de la manière suivante :

Tracer avec la bêche ou la charrue à versoir deux
rigoles parallèles de 25 à 30 centimètres de largeur
et autant de profondeur, à 1 mètre l'une de l'autre ;
placer les plants dans ces rigoles , à 1 mètre de distance entre eux, coudés comme nous l'avons dit
plus haut, de telle sorte que les plants de chaque
rangée semblent se tourner le dos ; laisser ensuite un
espace de 5 mètres , libre pour y faire d'autres cultu-

res, planter deux autres rangées de la même manière, et ainsi de suite dans tout le champ qui se trouve alors disposé en allées séparées par deux lignes de ceps. Ces lignes ne devront pas se prolonger jusqu'aux extrémités du champ ; il faudra laisser libre, en tête des allées, une autre allée transversale de 5 ou 6 mètres de largeur pour faciliter le passage de la charrette ou de la charrue d'une allée à l'autre.

Par cette disposition, il entre presque autant de ceps dans une étendue donnée que dans la plantation en quinconce à 1 m. 60 c., et les produits obtenus avec une moindre quantité d'engrais sont meilleurs et plus considérables.

Cette conviction nous est acquise par des essais faits sur des vignes de quinze à vingt ans, dont nous avons arraché deux rangées entre autres, et cultivé les allées en fourrages annuels, plantes sarclées et céréales. Dès la deuxième année, nous obtenions la même quantité de vin qu'auparavant et nous avions déjà fait deux autres récoltes sur les deux tiers de l'étendue qui se trouvait en champ.

La différence des revenus est plus sensible encore lorsque l'on plante une jeune vigne, car, en suivant le mode ordinaire, non-seulement la terre ne produit rien pendant les premières années, mais encore elle nécessite des cultures qui sont très dispendieuses, tandis que par le mode que nous proposons, les 2/3 du champ ne cessent de produire, et les cultures que l'on fait pour les autres plantes servent aussi pour la vigne.

Ce mode de culture est d'autant plus avantageux dans les terrains salés et découverts, qu'en disposant les allées du nord au midi, on abrite les autres cultures des vents d'ouest, et l'on obtient une double récolte pour parer aux frais de dessalement, trop considérables quand on ne cultive que des céréales.

Dans les terrains salés du midi, la vigne réussit là où vient le blé, et l'époque la plus convenable pour la planter, c'est le milieu de l'hiver; mais il faut creuser les sillons en automne et laisser la terre sur les bords afin que les gelées aient le temps d'en diviser les mottes. On fait alors tremper les sarments pendant huit ou dix jours et l'on plante; quelques jours après, on travaille à la pioche ou à la bêche l'intervalle des rangées et l'on rabat les plantes à 15 ou 20 c. de terre au-dessus d'un nœud. Les allées se cultivent à bras d'homme ou à la charrue. On a seulement le soin de ne pas cultiver deux années de suite dans les mêmes allées des plantes qui exigent peu de labour; il faut, au contraire, alterner la culture des différentes plantes sarclées avec la céréale et les fourrages.

De la taille de la vigne.

Dès la deuxième ou troisième année, on élève la vigne sur deux branches qui partent de 15 à 20 c. de terre, et on les entrelace deux par deux sur des échalas placés entre les ceps, ou mieux encore sur un fil de fer maintenu par des pieux à 1 mètre de terre au-dessus de chaque rangée, de manière que les grandes allées semblent bordées d'une guirlande.

La taille de la vigne devient alors très facile; on a seulement le soin de ne pas trop dégarnir le bas de la souche; on laisse trois ou quatre yeux sur les sarments de ces parties, tandis qu'on n'en laisse qu'un sur ceux d'en haut.

Les plants qui conviennent à ces terrains sont l'aramont, le terret, et l'un des grands avantages de ce mode de plantation, c'est d'éviter la pourriture à laquelle ces qualités sont sujettes avec la plantation ordinaire.

L'époque de la taille varie suivant l'espèce ; ainsi , il n'y a pas d'inconvénient à tailler le terret de bonne heure , c'est-à-dire en novembre , tandis qu'on ne doit pas tailler l'aramont avant février, à moins cependant que l'hiver n'ait été tellement doux , que les bourgeons fussent prêts à sortir.

De la culture des céréales.

Suivant les localités , on emploie différents modes de culture pour la céréale ; d'abord celui de la jachère , pendant une ou plusieurs années consécutives, jusqu'à ce que la terre se trouve recouverte d'un petit gazon ; alors on défonce à 10 ou 12 c. au plus , on donne deux ou trois labours légers et on sème. Dès la deuxième année , la petite herbe qui tenait la terre soulevée se trouve pourrie , la terre se tasse de nouveau , et l'effet de la capillarité recommence. Il faut alors attendre qu'un hiver pluvieux ait favorisé le dessalement momentané de la surface du sol et la germination de petites plantes peu délicates qui devront , à leur tour, reformer le gazon avant d'ensemencer la terre.

Ce genre de culture ne peut guère convenir qu'à des Bédouins nomades, qui reviennent tous les cinq ou six ans ensemencer la terre qu'ils avaient abandonnée. Aussi, ne nous occuperons-nous que de celui mis en pratique dans les localités où l'agriculture a fait plus de progrès.

Quoique , dans ces derniers temps , l'Anglais M. Furney se soit attribué l'innovation et ait voulu donner son nom *(furnéisme)* au système dont nous allons parler, il est certain que , depuis plus de vingt-cinq ans , ce système est en usage dans plusieurs départements du Midi de la France. Nous avons donc le droit, nous, méridionaux, de le lui revendiquer.

Il consiste, après que la terre a été ameublie et ensemencée, à la recouvrir d'une couche mince de roseaux, de joncs ou de paille, et son action a pour effet de favoriser le dessalement et d'activer la végétation des plantes.

Ce mode est très efficace, mais il occasionne des dépenses considérables, et si nous conseillons de le mettre en pratique, c'est seulement dans les terres-vignes dont nous venons de parler, car, dans un champ à céréales seulement, la recette ne couvrirait pas toujours la dépense.

La quantité de gerbes nécessaires pour recouvrir un hectare est d'environ 3,000, à 25 fr. le mille, et la main-d'œuvre 20 à 25 fr., soit environ 100 fr. par hectare.

Lorsqu'arrive le printemps, répandre quelques graines de trèfle sur ces terres, afin qu'après la moisson le sol se trouve encore recouvert, et enfouir avec les roseaux à la fin de l'été : telle est l'amélioration que nous proposons aux cultivateurs.

L'époque des semailles ne peut pas plus se préciser que celle des récoltes, car elles sont soumises aux variations de l'atmosphère; nous dirons seulement que pour les semences d'automne, il faut être en mesure, lors de la chute des feuilles, afin de pouvoir ensemencer avant les pluies. Quant aux récoltes en général, on ne doit jamais attendre une trop complète maturité.

Des diverses cultures.

Nous allons examiner successivement la culture des plantes qui réussissent le mieux en terres salées, sans nous occuper de leur composition chimique ; ce sera à la science de nous éclairer sur ce point, de nous dire quelle est la quantité de sel qui peut entrer dans la composition d'un terrain, sans nuire à la germination ou à la végétation de telle ou telle plante.

Nous dirons seulement qu'une des principales causes nuisibles à la germination et à la végétation dans les terrains salés, c'est qu'aussitôt après la pluie, il se forme, à la surface, une croûte imperméable sous laquelle se tordent et meurent la plupart des germes sans pouvoir la percer. Les jeunes plantes peu vigoureuses n'ont pas moins à souffrir de cette croûte qui durcit de plus en plus, car elle les étrangle au collet, suspend leur développement et les fait mourir, si l'outil ou une nouvelle pluie ne vient à leur secours.

C'est pour cela que les semailles d'automne sont préférables pour les plantes, qui ne doivent avoir que peu ou point de culture pendant leur végétation ; les pluies étant rares au commencement de cette saison, le grain a le temps de germer avant la formation de la croûte, et la saison devenant ensuite de plus en plus humide, la plante lève facilement, jette de vigoureuses racines pendant l'hiver, et se trouve toute disposée à monter rapidement dès que la chaleur se fait sentir.

Si, au contraire, on attendait au printemps pour faire les semailles, il arriverait souvent qu'à la suite d'un hiver humide, les cultures seraient trop retardées, et, la sécheresse arrivant, on ne pourrait plus compter sur la pluie pour amollir la croûte. Cela est applicable aux céréales et aux plantes que l'on sème à la volée, surtout lorsqu'on ne recouvre pas la terre d'une légère couche de paille ou de roseaux.

Quant aux plantes sarclées que l'on ensemence

généralement au printemps, il faut toujours les fumer avec les engrais les plus énergiques, afin que leur levée soit plus prompte, et si la croûte vient à se reformer, on se sert pour la rompre du petit *perce croûte* à bras en usage chez les Provençaux. Nous en reparlerons au chapitre des instruments.

Si l'on fume avec du tourteau ou tout autre engrais en poudre, il convient de le répandre sur la graine même et de faire tremper celle-ci pendant quelques heures dans l'eau de fumier avant de la mettre en terre, afin d'activer sa germination (1).

De la culture des fèves de marais.

La fève de marais est une des plantes dont la graine lève le mieux en terre salée ; semée en automne, elle donne des produits plus considérables que quand on la sème au printemps. Mais cependant on ne peut conseiller de préférer cette première saison, que si le champ se trouve abrité, naturellement ou artificiellement, et bien fumé.

La terre étant bien ameublie par deux ou trois labours à 20 ou 25 c. et bien fumée, on sème les fèves par rangées distantes de 50 à 60 c. Une femme suit la charrue et répand les graines une à une dans la proportion de 6 à 10 par mètre courant, chaque deux ou trois sillons, suivant la distance à laquelle on veut établir les rangées. Quoique dans quelques localités on ne donne plus de labour aux fèves quand elles sont ensemencées, il est certain que les sarclages et les binages concourront toujours puissamment à l'abondance des récoltes et au dessalement de la terre.

Il faut fréquemment visiter les fèves pendant leur

---

(1) Nous avons souvent employé ce système avant de connaître la découverte de **M.** Bikès.

végétation et dès que l'on aperçoit des bouquets sur lesquels il y a des pucerons, il faut les couper avec précaution et les brûler, car autrement il pourrait arriver qu'en moins de quinze jours le champ fût dévoré par ces insectes.

On récolte les fèves en vert et en sec. Dans le premier cas, on cueille les gousses à la main sur la plante avant leur mâturité, et, dans l'autre cas, on fauche un peu plus tard, on met en bottes et on fait sécher sur le sol avant de battre.

De la culture du trèfle.

« La viande, c'est du pain » a dit notre ex-ministre de l'agriculture, M. Tourret ; le trèfle, c'est la viande dans les terrains salés, dirons-nous, car c'est le seul fourrage qui y donne de bons produits et à peu de frais en commençant. Les détritus de ses feuilles fournissent en outre à la terre un puissant élément de production pour la céréale.

Nous avons déjà dit et nous recommanderons encore de ne jamais négliger de répandre de la graine de trèfle sur les céréales, au commencement du printemps ; il bonifie la paille, donne une coupe de fourrage après la moisson et son regain enfoui, améliore considérablement la terre.

Parmi les diverses variétés de trèfle, le *jaune* réussit le mieux ; on peut du reste les mélanger sans inconvénient. 8 ou 10 kilog. suffisent pour ensemencer un hectare.

De la culture des vesces.

Les vesces que l'on sème indistinctement au printemps et à l'automne, lèvent assez bien sur les terrains qui sont en voie de dessalement ; mais dans les pays découverts et qui retiennent les eaux pendant toute la saison des pluies, il faut toujours les semer avec moitié avoine, afin que celle-ci leur serve de tuteur et d'abri contre les gelées et l'humidité.

L'automne est l'époque la plus convenable pour ensemencer, à cause de la croûte dont nous avons déjà parlé. La quantité de semence nécessaire est de 125 litres et autant d'avoine par hectare. En se servant du semoir dont nous parlerons plus loin, on économisera un bon tiers de la semence.

La vesce mélangée avec l'avoine, compose un excellent fourrage que l'on appelle *entre-deux*; il est très sain, très nourrissant et peut être mangé par les bestiaux aussitôt après la récolte, sans qu'il en résulte pour eux le moindre dérangement. On le coupe au moment où la graine est à peine formée et on le prépare comme tout autre fourrage.

La culture de la vesce améliore le sol par le détritus de ses feuilles et son enfouissage en terre équivaut à une fumure.

Tous les cultivateurs des terrains salés savent ce que produit un blé sur une prairie retournée ; aussi insistons-nous pour l'enfouissage aussi souvent que possible.

De la culture des plantes industrielles.

La culture des plantes industrielles n'offre pas toujours un revenu assuré à celui qui s'y livre : car, suivant les demandes du commerce, on établit les prix sans s'inquiéter le moins du monde si le cultivateur sera ou non couvert de ses dépenses.

C'est surtout sur le prix des plantes tinctoriales que la variation est plus grande, aussi sommes-nous loin d'en conseiller la culture dans une trop grande proportion. D'ailleurs, en arrivant sur une nouvelle terre, on doit, avant tout, songer à produire de quoi vivre et à faire du fumier, et nous ne donnons ici la culture de la garance que comme un moyen de dessalement très efficace.

De la culture de la Garance.

On sème la garance en pépinière ou en place. Pour établir une pépinière, il faut choisir le meilleur coin de son terrain, le moins salé et déjà recouvert d'un petit gazon. Vers la fin de l'été, on défonce à 15 ou 20 centimètres au plus de profondeur, et on laisse les mottes, sans les briser, la face contre terre, c'est-à-dire l'herbe en dessous, jusqu'après les gelées. Alors, on ameublit, par deux ou trois cultures, on fume, et le champ se trouve ainsi tout prêt à être ensemencé dans le courant du mois de mars.

Pour cette opération, un homme trace, avec la houe à bras, un petit sillon de la largeur de son outil (20 centimètres environ), et à peine profond de 2 centimètres ; une femme le suit, dépose la graine dans le sillon et puis le tourteau.

Ce premier rayon terminé, l'ouvrier en recommence un autre par le même bout et contre le premier sur lequel il jette la terre provenant du deuxième sillon et ainsi de suite, jusqu'au sept ou huitième. Alors il laisse un intervalle de 25 ou 30 centimètres, et il forme un autre banc de 7 à 8 sillons. Ce travail terminé dans tout le champ, on recouvre les bancs avec du roseau, de la paille, ou mieux encore du fumier.

Dès que la garance a levé, 4 ou 5 centimètres, il faut sarcler soigneusement et la chausser de 1 ou 2 centimètres de terre que l'on prend dans les intervalles : répéter cette opération chaque fois que l'on aperçoit de mauvaises herbes (deux ou trois fois pendant la première année) et recouvrir entièrement de 3 ou 4 centimètres de terre avant l'hiver. Ce dernier travail se fait avec la bêche ou le luchet, ainsi que les butages de la deuxième année, pour les garances semées à demeure, car alors les intervalles se trouvent transformés en petits fossés, auxquels la houe ne peut atteindre.

Les quantités de semence et d'engrais nécessaires sont de 5 hectog. de graine et de 5 kilog. environ de tourteau par 100 mètres de sillon, soit 90 à 100 kilog. de graine et 1,000 kilogr. de tourteau par hectare.

Lorsqu'on sème pour laisser en place, il faut répandre la graine un peu moins dru et faire les bancs de trois ou quatre rayons seulement, avec des intervalles de 50 ou 60 centimètres ; mais il faut employer la même quantité de tourteau.

Si l'on a ensemencé un hectare de terre en pépinière, il faut songer, dans le courant de l'année même, à en préparer trois autres pour recevoir le plant. Alors on peut s'avancer dans les terres un peu plus salées, et si les travaux sont bien exécutés, on est certain de réussir.

Il faut d'abord creuser un fossé de 30 à 35 centimètres de profondeur et 80 centimètres de largeur à 1 mètre environ du bord du champ, jeter au fond du fossé une couche de bois menu, de mauvaise paille ou de roseaux de 10 ou 12 centimètres d'épaisseur, la recouvrir avec la terre d'un autre fossé de même dimension, que l'on ouvre parallèlement à 60 centimètres du premier. On passe ainsi toute la terre, dans le courant de l'année, et l'on a soin d'ouvrir les fossés par leur tête, afin de faciliter l'écoulement des eaux pendant l'hiver.

Lors du repiquage, qui doit se faire dès qu'on le peut, après les gelées, la terre étant parfaitement ameublie, le travailleur ouvre et recouvre avec sa houe le sillon, comme il l'a fait pour la pépinière, pendant qu'une femme y dépose les racines couchées, en ayant soin d'en espacer convenablement les têtes où se trouvent les bourgeons.

Les bancs seront alors composés de trois ou quatre sillons seulement, occupant les 80 centimètres du fossé et les intervalles seront de 50 ou 60 centimètres.

La quantité de racines obtenues sur 1 mètre de sillon de la pépinière, doit suffire pour replanter 1 mètre 50 centimètres du nouveau champ.

On peut se dispenser de mettre du tourteau sur les racines, mais il faut alors recouvrir les bancs d'une légère couche de fumier et, dans le cas où la terre serait suffisamment fumée, on peut recouvrir avec de la paille ou du roseau seulement.

Les butages se font ensuite dans le courant de la première année; comme pour la pépinière, il faut tirer deux ou trois traits de petite charrue dans les intervalles avant d'y venir avec la houe.

Dès la deuxième année, les travaux sont peu considérables, jusqu'au moment de l'arrachage (septembre-octobre), mais alors il y a du travail pour tout le monde. La femme et les enfants ramassent avec soin les racines, tandis que l'homme retourne la terre et la divise jusqu'à 40 ou 50 centimètres, selon la profondeur des racines. On porte, tous les soirs, sur le sol à battre, les racines récoltées dans la journée, pour les nettoyer et les faire sécher. Il faut les mettre en tas pour passer la nuit et les étendre le lendemain. On reconnaît qu'elles sont sèches et bonnes à être livrées au commerce, dès qu'elles cassent en les ployant.

La feuille et la graine de la garance ont aussi leur valeur, et, suivant les prix, on récolte l'une ou l'autre.

Quand on veut récolter la feuille, on doit la faucher lorsque la plante est en fleur et la préparer comme tout autre fourrage.

Si l'on veut récolter la graine, il faut la laisser mûrir jusqu'à ce qu'elle commence à noircir : alors on la coupe avec la faucille et on l'emporte dans des toiles sur le sol à battre, où elle complète sa mâturité. Quand la graine a durci (4 ou 5 jours suffisent), on la bat et on la nettoie. Aussitôt après cette récolte, on peut répéter sur le même champ une autre culture de garance : mais cette fois on recreuse les fossés là où se trouvaient les intervalles, et on peut alors opérer par semis en place, si l'on n'a pas de plant.

Lorsqu'on arrachera cette garance, deux ans plus tard, le champ sera dessalé et propre à produire toutes les plantes.

Du lin, du chanvre, du coton, du tabac.

Le lin, le chanvre, le coton, le tabac, etc., viennent très bien et donnent de grands produits après une garance ; mais on ne doit songer à les cultiver que plus tard, lorsqu'on a suffisamment amélioré son terrain par d'autres cultures et que l'on a appris à faire du fumier.

Nous donnons seulement, dans un tableau particulier, les quantités de graines nécessaires pour ensemencer un hectare, et la nature de terrain qui convient à chaque plante.

Quant à leur culture, défoncez et fumez, dirons-nous, ameublissez et fumez encore, sarclez et binez souvent, voilà tout le secret de l'agriculture.

De la culture de la luzerne.

Dans nos départements méridionaux, lorsqu'un propriétaire possède un hectare de luzernière, première classe, il compte sur un revenu net de 700 à 800 francs. On comprend, dès-lors, combien il lui est pénible de voir s'approcher le moment où il lui faudra éventrer cette poule aux œufs d'or. Aussi, après 8 ou 10 ans, quoique averti par la diminution de ses produits, il diffère, diffère encore, et ce n'est qu'à la dernière extrémité qu'il se décide à défoncer sa luzerne ; mais alors il est trop tard ; il faut, pour remettre son champ en état, le double de travail et de fumier qu'il lui aurait fallu en faisant l'opération en temps opportun.

Si l'on sème une luzerne sur un champ qui vient de porter une garance, elle y viendra belle et donnera de magnifiques produits ; mais, si l'on oublie qu'après 4 ou 5 ans au plus, il faut la remplacer par une autre culture, on court grand risque de retrouver le sel au premier coup de charrue.

La luzerne étant une plante pivotante, il ne faut jamais essayer de la cultiver avant que la terre n'ait été défoncée et dessalée profondément ; car, outre l'inconvénient que nous venons de signaler, lorsque les racines ne peuvent pivoter, elles se dirigent, en forme de pied de poule, à la surface, et se nuisent entr'elles. Il est plus avantageux de cultiver pendant les premières années d'un dessalement, des plantes annuelles et des racines, qui sont aussi un excellent fourrage.

De la culture des betteraves.

Dès la deuxième culture de garance, on peut semer des betteraves dans les intervalles de ses bancs ; pour cela, on fait des petits trous, avec le plantoir, à 25 ou 30 cent. l'un de l'autre, on y met deux ou trois graines et on recouvre. A défaut de plantoir, on peut faire ce travail avec la main.

Les trous sont faits sur une même ligne et de deux intervalles l'un, de manière à ce que l'autre reste libre pour fournir la terre nécessaire au buttage de la garance.

Une fois semée ou plantée, on sarcle la betterave en même temps que la garance ; on la bine deux ou trois fois, et elle donne alors de grands produits. On peut la semer en pépinière, et l'on repique quand les racines ont atteint 2 cent. environ de diamètre. Il faut toujours récolter la betterave avant les gelées, afin de pouvoir mieux la conserver.

La betterave est une excellente nourriture pour les bestiaux, pendant la saison d'hiver surtout, où l'on n'a que des fourrages secs à leur donner ; crue, elle leur donne du lait ; cuite, elle les engraisse.

Si l'on veut ensemencer un champ tout en betteraves, on sème ou on repique à 30 centimètres sur 50 centimètres, après que la terre a été bien ameublie, on sarcle ensuite et on bine chaque fois que la terre se resserre ou que les herbes apparaissent.

Toutes les plantes viennent bien sur les terrains argilo-sableux salés, après une ou deux garances ; mais ce qui y réussit le mieux, et que nous conseillerons toujours, c'est le trèfle.

DES TERRAINS SALÉS DE LA DEUXIÈME CLASSE.

Ces terrains, comme nous l'avons déjà dit, formés surtout de boues des étangs et de détritus de toutes sortes, sont ordinairement noirâtres dans l'humidité, et deviennent blanchâtres en séchant; ils sont plus sableux, mais ils ont toute l'apparence des riches terrains justement renommés des palus de Thor, et il est probable que leur origine est la même. A force de temps et de travail, on peut espérer parvenir à leur communiquer une fertilité analogue à celle que les Provençaux ont su donner à leurs terres.

Ces terrains, plus ou moins sableux, selon que les vents y ont transporté des sables de mer, produisent diverses plantes qui y croissent naturellement. Dans les parties basses, on trouve le scirpe triangulaire; dans les parties plus élevées, quelques plantes de salicor, du jonc et aussi une graminée rude et grossière que l'on appelle baouca dans le pays.

La culture de ces terrains est facile et peu coûteuse; mais il faut avant tout donner un moyen d'écoulement aux eaux, qui croupissent à quelques centimètres de la surface, retenues dans les terres par les bords imperméables des étangs. Pour cela, il n'y a qu'à creuser un ou plusieurs canaux aboutissant à l'étang, et, à l'endroit même jusqu'où arrivent les plus hautes eaux, placer une vanne mobile qui se ferme d'elle-même lorsque les eaux de l'étang s'élèvent, et qui s'ouvre pour laisser échapper les eaux intérieures.

Comme nous nous supposons ici sur des terrains

dont le niveau est au-dessus de celui des hautes eaux de l'étang, nous n'avons pas à parler d'une chaussée de ceinture qu'il y aurait à construire dans le cas contraire, ces grands travaux étant, au surplus, du ressort du gouvernement ou de grandes compagnies.

La dimension du fossé d'écoulement que nous proposons, en lui supposant une longueur de 1,000 mètres, sera suffisante à 60 cent. de profondeur, 60 cent. de largeur à l'ouverture, et 20 cent. à la cuvette. Un homme peut aisément en creuser 60 à 70 mètres de longueur par jour; il jette les terres à droite et à gauche du fossé.

On pourra ensuite cultiver une largeur de 10 mètres environ de chaque côté du fossé; et en prenant le soin de recouvrir la terre après la semence, comme il a été dit pour les autres terrains, le dessalement sera très prompt.

De la culture de la Pomme de Terre.

Quoique encore salés, ces terrains sableux sont très propres à la culture de la pomme de terre; elle y donne d'abondants produits et de qualité supérieure.

Aux endroits abrités, on peut planter ce tubercule en janvier, pour avoir des primeurs ensuite pendant tout le printemps et une partie de l'été.

On fait des trous de 20 ou 25 centimètres en carré, au fond desquels on met une poignée de gros fumier, qu'on recouvre d'un demi-pouce de terre environ. On place le tubercule au-dessus, on le couvre de 2 à 3 centimètres de terre et puis d'une légère couche de paille ou de roseaux.

Dans les terrains dessalés, on peut faire cette plantation à la charrue, comme pour un semis de fèves ; mais elle exige alors une plus grande quantité d'engrais. et les produits sont moindres.

La quantité de tubercules nécessaire pour planter un hectare varie beaucoup, selon leur grosseur ; il suffira de savoir que l'on peut planter à 50 et jusqu'à 80 centimètres dans tous les sens ; alors, il faut quatre tubercules par mètre carré, ou 40,000 pour un hectare.

Dans quelques localités, lorsqu'on a des tubercules dont la grosseur est double de celle d'un œuf de poule, on le coupe en deux ou trois morceaux ; ailleurs, on choisit les petits tubercules et on les plante tout entiers : ce dernier mode est préférable ; mais il vaut encore mieux planter de gros tubercules sans les couper, on sera toujours sûr d'augmenter considérablement sa récolte.

Plusieurs cultivateurs ont fait, pour la plantation de la pomme de terre, une expérience qui a été suivie d'un plein succès : au lieu de semer les tubercules entiers ou par morceaux, ils ont seulement semé le germe.

Pour extraire le germe du fruit, on le cerne avec la pointe d'un couteau à un demi centimètre environ de chaque côté, sur une profondeur d'un centimètre et demi, et il se détache alors facilement.

L'on peut semer deux ou trois germes dans le même trou en les séparant de 3 ou 4 centimètres, on les recouvre de 3 ou 4 cent. de terre.

Les germes ne pourrissent pas en terre comme le font souvent les morceaux coupés.

Sur 50 boisseaux de pommes de terre, on retire un boisseau de germes.

De la culture des Courges et Melons.

Le mode de plantation à trous fumés peut être appliqué avec succès à la culture des courges, melons et autres plantes rampantes dont les racines se nourrissent dans un petit espace, pourvu qu'il soit bien fumé; car leurs larges feuilles, protégeant la terre contre l'action de l'air et du soleil, concourent puissamment à son dessalement.

Ce mode de plantation et de dessalement pourrait être également pratiqué sur les terrains argilo-sableux de la première classe, en creusant de petits fossés dans lesquels on jetterait une couche de roseaux, puis un peu de terre et enfin du fumier à l'endroit de la graine seulement. Ce serait un moyen d'arriver promptement à faire des cultures sur les terres les plus salées.

Quand on ensemence des courges ou des melons, on met 5 à 6 graines dans le même trou (les trous doivent avoir 30 à 40 centimètres de diamètre), espacées entre elles de manière à pouvoir les enlever séparément avec une petite motte, et on les recouvre légèrement. On fait autour du trou un petit bourrelet de terre, pour abriter le jeune plant, et l'on arrose.

Lorsque les plants ont levé, on continue à les arroser; on remplace les plants qui ont manqué, et, quand on n'a plus à craindre d'accidents, on arrache les plus chétifs, de manière qu'il ne reste plus qu'une plante dans chaque trou. Quelques arrosages suffisent pendant le cours de la végétation, et, lorsque les plantes ont atteint une certaine longueur et que le fruit est apparent, on les pince (couper le petit bouquet de l'extrémité) pour les arrêter.

On sème, dans le mois de février, les trous à 1
mètre de distance sur le petit fossé, et les fossés à
2 mètres les uns des autres.

On reconnaît que le fruit est mûr, lorsqu'en ap-
puyant assez fortement le pouce sur la couronne, elle
cède à la pression.

De la culture du Sésame.

Originaire d'Égypte et nouvellement importé dans
notre pays, le sésame n'y est pas encore acclimaté et y
réussit difficilement. Cette plante ne se plaît pas même
dans nos bons terrains argilo-sableux d'alluvions, car
sa tige délicate ne peut supporter la pression au collet de la croûte qui s'y forme lorsqu'on arrose, et
cependant elle craint la sécheresse (1).

Il faut au sésame une terre substantielle, fraîche
et qui ne durcisse pas. Ces qualités étant celles des
terrains de 2e classe, c'est là qu'on peut espérer le
voir réussir.

On sème le sésame fin avril ou au commencement
de mai, avec le semoir ou à la volée ; dans ce dernier
cas, la quantité de semence pour un hectare est de
40 à 50 litres environ. On doit faire tremper la graine
pendant deux ou trois jours, jusqu'à ce qu'elle soit
prête à germer avant de la mettre en terre.

Cette plante n'exige qu'un ou deux sarclages pendant sa végétation, mais il faut la surveiller lorsque
approche le moment de la mâturité (fin août), et couper les plantes qui sont mûres ; autrement, les calices

---

(1) Nous pensons que la découverte Bikès sera d'un
puissant secours pour la naturalisation en France de
cette plante précieuse.

qui contiennent la graine éclatent, et c'est autant de perdu pour la récolte. Il vaut mieux récolter de bonne heure, et faire sécher sur le sol ; on obtient alors de grands produits.

Parmi les plantes oléagineuses, le sésame est celle qui fournit l'huile la plus agréable au goût et en plus grande quantité. Nous en conseillons la culture, comme étant d'un excellent rapport sur les terrains sableux et frais.

Ces terrains conviennent surtout aux plantes que l'on cultive pour leurs racines et aux plantes fourragères et autres, à racines pivotantes, telles que la luzerne, le sésame, etc. Nous ne les avons placés à la deuxième classe, que parce qu'ils exigent une grande quantité d'engrais; mais, une fois dessalés, ils deviennent encore plus productifs que ceux de la première classe.

DES TERRAINS SALÉS DE LA TROISIÈME CLASSE.

Les terrains salés de la troisième classe, formés de sable pur, restent arides pendant bien longtemps, à moins que l'on ne puisse, au moyen de grands travaux, y amener des eaux bourbeuses qui en font alors des terrains très productifs. Mais ces travaux étant hors de notre cadre, nous n'examinerons les sables que sous le rapport de leur utilité comme amendement dans les terrains plus ou moins compactes des deux autres classes.

Mélangés dans une certaine proportion avec les terrains argileux de la première classe, ils en augmentent, en peu de temps, la fertilité d'une manière sensible, et leur mélange est souvent préférable aux meilleures fumures.

7.

Nous résumerons ce que nous avons à dire de ces terrains en rapportant ce que nous avons pratiqué nous même.

Dans un vaste jardin potager nouvellement défriché, en terrain argileux et salé, quelques planches se refusaient à produire malgré les défoncements et les fumures qu'on leur prodiguait. Je fis alors, pour essai, défoncer une planche à 50 c. de profondeur, et comme je m'étais aperçu que les sentiers et allées formaient des bourrelets qui retenaient l'eau comme dans un vase, je les fis couper du côté du fossé d'écoulement à une profondeur de 10 c. au-dessous du défoncement, et je plaçai dans ces coupures une couche de petit bois, à défaut de pierres, pour former des conduits d'écoulement. Je fis ensuite transporter du sable de mer mélangé de coquillages, et je le répandis sur la terre, à raison de 8 mètres cubes par are, et je cultivai à 50 c. de profondeur. Dès lors, cette planche devint la plus fertile du jardin, et la croûte qui se forme toujours après l'arrosage, sur cette nature de terrain, n'y durcit plus au point de nuire à la germination, ni à la végétation.

En faisant cette dépense de suite, on n'a que le prix du transport à ajouter à celui du défrichement, et l'on peut compter sur des produits presque immédiats.

C'est surtout pour l'établisement du jardin que nous conseillons à chaque colon d'employer cet amendement, non-seulement dans les terrains salés, mais encore toutes les fois qu'il est praticable dans les terrains bas, froids et compactes, qui deviendront alors les plus fertiles.

Quoique nous ne voulions examiner les terrains sableux que sous le rapport de leur utilité comme amendement, nous devons dire cependant qu'à la longue, lorsqu'ils sont fixés et recouverts de gazon, ils deviennent productifs. Les plantes tinctoriales y croissent plus riches en principes colorants que sur les terrains argileux ; le vin y est de meilleure qualité, et nous y avons obtenu de très beaux et bons produits en pommes de terre et en topinambours.

Cette dernière plante, précieuse pour l'alimentation des porcs et des vaches, a la propriété de se conserver en terre, pendant les hivers les plus rudes, sans se gâter. Elle se plante et se récolte comme la pomme de terre ; ses tiges s'élèvent jusqu'à deux et trois mètres de hauteur et sont excellentes pour le remplissage des fossés lors d'une plantation dans les terrains compactes.

Quoique chaque année on arrache les topinambours, il reste toujours en terre un nombre plus que suffisant de petits tubercules qui donnent naissance à autant de plantes l'année suivante, et l'on a toujours besoin de sarcler, lorsqu'arrive le printemps, pour les éclaircir.

NUMÉROS.	NOMS DES PLANTES.	QUANTITÉ de semence nécessaire pour 1 hectare	DISTANCE	
			entre les lignes.	entre les plants.

SUR TERRES

NUMÉROS.	NOMS DES PLANTES.	QUANTITÉ de semence nécessaire pour 1 hectare	entre les lignes.	entre les plants.
1	Froment.	200 lit.	20 c.	» c.
2	Avoine.	200 »	20	»
3	Riz.	110 kil.	à la volée.	
4	Fèves.	2 par trou.	50	20
5	Pois.	200 lit.	20	»
6	Gesces.	200 »	20	»
7	Vesces.	200 »	20	»
8	Trèfle.	15 kil.	à la volée.	
9	Lotier.	15 »	à la volée.	
10	Choux.	4 »	30	30
11	Rutabagas.	4 »	30	30
12	Chicorée sauvage.	10 »	à la volée.	

PLANTES

DIVERS TERRAINS.

PROFONDEUR à laquelle on doit enfouir la semence.	OBSERVATIONS.
ARGILEUSES.	
4 à 5 cent. 4 5 »	Lorsqu'on sème ces graines au semoir, on économise plus de un tiers de la semence.
» » »	On met 10 cent. d'eau dans le champ, et on sème.
8 10 »	Voir page 63.
6 8 » 6 8 » 6 8 »	Ces plantes se cultivent ordinairement pour fourrages; quelquefois on laisse grainer pour la volaille, ou bien on enfouit. Voir page 64.
1 2 » 1 2 » » 1 » » 1 » 1 2 »	On cultive ces plantes pour fourrages; le trèfle et le lotier, qui est une espèce de trèfle, peuvent se semer ensemble; les choux et le rutabagas se sèment en pépinière et on repique; mais la chicorée sauvage ne se repique pas ordinairement.

NUMÉROS.	NOMS DES PLANTES.	QUANTITÉ de semence nécessaire pour 1 hectare	DISTANCE	
			entre les lignes.	entre les plants.
13	Colza.	8 lit.	à la volée.	
14	Soleil.	2 ou 3 par tr.	70 c.	70 c.
15	Chanvre.	250 lit.	à la volée.	
16	Lin.	200 »	à la volée.	
17	Coton.	40 »	1 mèt.	1 mèt.
18	Tabac.	Pépinière.	80 c.	80 c.

SUR TERRE SILICEUSE

NUMÉROS.	NOMS DES PLANTES.	QUANTITÉ de semence nécessaire pour 1 hectare	entre les lignes.	entre les plants.
19	Seigle.	180 lit.	20 c.	» c.
20	Orge.	200 »	20	»
21	Epautre.	180 »	20	»
22	Spergule.	12 kil.	à la volée.	
23	Haricots	100 lit.	20 c.	20 c.
24	Lentilles.	150 »	25 c.	»
25	Pois chiches.	200 »	25	»
26	Sarrasin.	300 »	à la volée.	
27	Ers.	200 »	25	»
28	Lupin.	200 »	25	»
29	Sainfoin.	450 »	à la volée.	
30	Mélilot.	20 kil.	à la volée.	
31	Fenugrec.	15 »	à la volée.	
32	Lupuline.	15 »	à la volée.	

PROFONDEUR à laquelle on doit enfouir la semence.		OBSERVATIONS.
»	1 cent.	Plantes industrielles. — Les graines de colza et de soleil servent à faire de l'huile; celle de soleil est très bonne pour les canards. Pour ces deux plantes comme pour les quatre autres, il faut que la terre soit bien ameublie et bien fumée avant de semer.
7	8 »	
3	4 »	
3	4 »	
3	4 »	
3	4 »	

CALCAIRE, SÈCHE EN ÉTÉ.

PROFONDEUR		OBSERVATIONS.
4	5 cent.	Le seigle, l'orge, l'épautre se donnent en vert aux bestiaux ; mais on les cultive plus souvent pour la graine ; la spergule presque toujours pour le fourrage.
4	5 »	
4	5 »	
»	» »	
5	6 · »	On plante les haricots par trous à distance.
3	4 »	On cultive ces plantes pour leur graine , pour fourrage ou pour enfouir, et on les sème avec le semoir ou à la volée.
4	5 »	
5	6 »	
3	4 »	
3	4 »	
4	5 »	Ces plantes sont essentiellement cultivées pour fourrage (Voir pour leur préparation page 113) et viennent bien dans les terrains pierreux ; on les cultive séparément ou mélangées.
2	3 »	
»	» »	
»	» »	

NUMÉROS.	NOMS DES PLANTES.	QUANTITÉ de semence nécessaire pour 1 hectare	DISTANCE	
			entre les lignes.	entre les plants.
33	Raves.	4 kil.	à la volée.	
34	Navets.	4 »	à la volée.	
35	Topinambours.	600 lit.	30 c.	30 c.
36	Patates.	1 par trou.	60 c.	30
37	Navette.	8 lit.	à la volée.	
38	Cameline.	8 »	à la volée.	
39	Gaude.	8 kil.	à la volée.	
40	Cardère à foulon.	30 lit.	30 c.	30
41	Flouve odorante.	Comme on veut.	à la volée.	
42	Houque laineuse.	»	»	»
43	Dactyle pelotonné.	»	»	»
44	Avoine pubescente.	»	»	»
45	— jaunâtre.	»	»	»
46	— des prés.	»	»	»
47	Fétuque ovine.	»	»	»
48	Paturins.	»	»	»

SUR TERRES

49	Escourgeon.	200 lit.	80 c.	» c.
50	Maïs.	3 par trou.	50	20
51	Millet.	10 lit.	30	20
52	Sorgho.	3 par trou.	50	20

PROFONDEUR à laquelle on doit enfouir la semence.	OBSERVATIONS.
1 2 cent.	On cultive ces plantes pour leurs racines; elles sont d'une grande utilité pour le ménage et le bétail; elles peuvent être transportées pour la vente, et réussissent dans les plus mauvais terrains.
1 2 »	
4 5 »	
» » »	
1 2 »	Plantes industrielles. — Les graines de navette et de caméline fournissent de l'huile; les feuilles de la gaude, de la teinture jaune, et l'épi de la cardère, des peignes pour les draps. Cette dernière plante reste dix-huit mois en terre.
1 2 »	
2 3 »	
2 3 »	
2 3 »	Toutes ces plantes sont fourragères. On mélange leur graine dans diverses proportions et on les sème ensemble pour former les prairies; mais leur culture n'est avantageuse que lorsqu'on a de l'eau pour arroser; il vaut mieux semer d'autres fourrages, tels que sainfoin, mélilot, etc., et surtout de la luzerne si le sous-sol est frais et profond.
» » »	
» » »	
» » »	
» » »	
» » »	
» » »	
» » »	

SABLEUSES.

4 5 cent.	On cultive ces plantes pour le grain ou pour donner en vert au bétail. Pendant le printemps et une partie de l'été on peut semer du maïs à la volée tous les 15 jours, et avoir constamment du fourrage vert.
4 5 »	
3 4 »	
» » »	

8

NUMÉROS.	NOMS DES PLANTES.	QUANTITÉ de semence nécessaire pour 1 hectare	DISTANCE	
			entre les lignes.	entre les plants.
53	Panis.	10 lit.	à la volée.	
54	Alpiste.	10 »	à la volée.	
55	Luzerne.	20 kil.	à la volée.	
56	Pommes de terre.	1 par trou.	66 c.	30 c.
57	Betteraves.	2 kil.	40	20
58	Carottes.	5 »	40	»
59	Panais.	5 »	40	»
60	Garance.	100 »	40	»
61	Indigotier.	6 par trou.	40	30
62	Pastel.	20 kil.	40	10
63	Safran.	1 par trou.	20	10
64	Houblon.	1 bouture.	1 m. 25	1 m. 25
65	Réglisse.	1 par trou.	80 c.	80 c.
66	Moutarde.	8 lit.	20	»
67	Arachide (pistache de terre).	1 par trou.	40	20
68	Pavots.	3 kil.	à la volée.	
69	Sésame.	30 »	50 c.	» c.

TERRES

Si les cultivateurs, au lieu de leur préoccupation constante à rechercher l'agrandissement de leurs domaines, s'occupaient davantage des moyens de communiquer à leurs terres la fertilité des terres franches, les plantes y croîtraient belles, vigoureuses, et l'on verrait augmenter considérablement les produits de la France.

Cultures profondes et ameublissantes, fumures, canaux d'irrigation et d'assèchement, rien ne devrait être

PROFONDEUR à laquelle on doit enfouir la semence.			OBSERVATIONS.
2	3	»	Fourrages de peu d'importance quand d'autres peuvent réussir.
2	3	»	
2	3	»	Voir page 70.
4	5	»	Plantes cultivées pour racine, et qui sont d'une grande utilité (Voir pour la bette-
2	3	»	rave, page 71, et pour la pomme de
2	3	»	terre, page .) On sème les carottes et
1	2	»	les panaïs à la volée.
2	3	»	Plantes industrielles. — (Voir pour la
3	4	»	garance, page 66.) La feuille de pastel,
3	4	»	l'indigotier servent pour teindre en bleu;
4	5	»	le safran, le houblon, la réglisse, la
2	3	»	moutarde ont chacune leur spécialité
4	5	»	dans le commerce. L'arachide sert pour
1	2	»	l'huile essentielle de ce nom. Le pavot et la sésame donnent des graines d'où l'on extrait une bonne huile, et leurs
4	5	»	tourteaux mis en poudre forment un ex-
»	1	»	cellent engrais ponr la terre et pour les
3	4	»	bestiaux, ceux de sésame principalement.

FRANCHES.

négligé pour atteindre ce grand but; mais chacun ne le peut en agissant isolément. A l'œuvre donc; organisons des Bataillons Agricoles, c'est le moyen d'éviter les chômages et le manque de bras à d'autres époques pour la grande exploitation; c'est par l'organisation des Bataillons que nous parviendrons à reboiser nos montagnes et à remplacer nos marais insalubres et nos plaines stériles par des jardins et des prairies.

TABLEAU DES PLANTES A CULTIVER DANS LE JARDIN.

ÉPOQUE DES SEMENCES.

Légumes divers.

NOM DES PLANTES.	ÉPOQUE DES SEMENCES.
Artichauds	Printemps et août.
Asperges	Printemps (mars).
Aubergines	Février, sous couche, pour repiquer en avril.
Bette ou poirée	Mai. juin, juillet, août.
Cardons	Avril, mai.
Choux	Printemps et automne, pour repiquer ensuite.
Champignons	Hiver, dans les caves.
Concombres (cornichons)	Avril, mai, juin.
Courges	Février, mars, à l'abri.
Haricots	Février, mars et tout l'été.
Pois	Printemps, de bonne heure.

Salades.

Céleri	Janvier, juin, pour repiquer ensuite.
Laitues	Janvier, février et tout l'été, pour repiquer.
Laitues pommées	Printemps et tout l'été.
Chicorée	Janvier, février, mars.
Poivron	Janvier, février, sous couche, pour repiquer.
Valériane d'Alger	Printemps, été.

Fournitures de salades et assaisonnements.

NOM DES PLANTES.	ÉPOQUE DES SEMENCES.
Basilic	Mars.
Bourrache	Printemps, automne.
Capucine	Février, mars.
Cerfeuil	De mars à septembre.
Corne de cerf	Printemps, été.
Ciboule	Février, mars, avril.
Dent de lion	Printemps, jusqu'en septembre.
Estragon	Avril, mai.
Fenouil	Mars.
Persil	Depuis février jusqu'en août.
Pimprenelle	Automne.
Sariette	Printemps, jusqu'en septembre.
Scolyme	De février à septembre.
Trique-madame	Printemps.

Légumes cultivés pour leurs racines.

Ail	Février, mars, pour repiquer.
Betteraves	Mars, avril, mai, pour repiquer.
Carottes	Février, mars, avril, mai et juin.
Cheruis, petit navet	Printemps, automne.
Ciboules	Février, mars, avril.
Echalottes	Février, octobre, novembre.
Navets	Printemps, été, automne.
Oignons	Janvier et août, pour repiquer.
Patates	Printemps.

NOM DES PLANTES.	ÉPOQUE DES SEMENCES.
Poireaux	De février à juillet.
Pommes de terre	Janvier, février et tout l'été.
Raves	Printemps, été.
Radis	*Idem.*
Raifort	*Idem.*
Rocambolle	Février, mars.
Salsifis	De février en août.
Scorsonnère	*Idem.*

Légumes espèce d'épinards.

Amaranthe de Chine	Printemps.
Arroche des jardins	De mars à septembre.
Baselle	Mars, avril.
Epinards	Printemps, automne.
Oseille	*Idem.*
Pourpier	Mai.
Roquette	Printemps et été.
Tétragone (épignards d'été).	Tout l'été.
Epinard arborescent où d'Espagne	Printemps et été.

Plantes utiles odoriférantes.

Absinthe	On peut semer ces diverses plantes pendant tout le printemps, soit en bordure ou en dehors du jardin, et quoiqu'elles ne soient pas d'une utilité de tous les instants, il ne faut pas négliger d'en avoir.
Angélique	
Anis	
Lavande	
Marjolaine	
Menthe	
Romarin	
Sauge	
Thim	

Plantes médicinales.

Camomille	Parmi ces plantes, qui se
Guimauve	sèment au printemps, les unes
Houblon	sont annuelles, les autres sont
Mauves	vivaces. Chacun comprend
Reglisse	suffisamment leur utilité.

CALENDRIER DU COLON.

JANVIER.

Pendant les jours où le mauvais temps oblige à rester dans la maison, on doit réparer tous les outils, les loges des bestiaux, etc.; et quand le temps permet de sortir, labourer les terres qui ne sont pas humides, recreuser les fossés et surtout les sillons d'écoulement, tailler la vigne, les arbres, faire les plantations et préparer les couches pour les semis du jardin.

On sème :

Céréales.

Avoine (1)............. 2

Fourrages.

Féverolles............. 4
Vesces................ 7
Spergule............. 22

Plantes sarclées.

»   »

Plantes industrielles.

Pavot................ 68

FÉVRIER.

On continue pendant ce mois l'entretien des sillons d'écoulement ; on fume les prairies, on finit de tailler

____

(1) Voir les N^{os} au tableau, page 80.

la vigne ; .on commence, si l'hiver est doux , à tailler les mûriers , les oliviers , et on élague les saules et autres arbres ; on continue les plantations.

On sème :

Céréales.

Avoine. 2
Orge. 20
Paumelle. 1

Fourrages.

Fèverolles. 4
Vesces noires et blanches. 7
Spergule. 22

Plantes sarclées.

Pommes de terre. 56
Fèves de marais. 4

Plantes industrielles.

Pavots. 68
Garance. 60

MARS.

On termine la plantation et la taille des arbres ; on commence à biner les plantes sarclées , labourer les vignes, plâtrer les trèfles, les sainfoins et les luzernes.

On sème :

Céréales.

Blé de printemps. 1   Orge. 20
Avoine. 2   Paumelle. 1

Fourrages.

Plantes sarclées.

Racines.

Plantes industrielles.

AVRIL.

On greffe les arbres, on arrose ceux nouvellement plantés ; on sarcle ou on bine la vigne, les carottes, les pavots, le blé, les fèves et féverolles, et les pépinières de betteraves, choux, etc.

On sème :

Céréales.

Orge................... 20

Fourrages.

Vesces noires et bl...	7	Fenugrec..........	31
Luzerne...........	55	Fléole des prés.....	41
Mélilot...........	30	Ray gras...........	41
Sainfoin..........	29	Pois champêtres....	5
Pimprenelle (v. fº)	»	Alpiste............	54
Moutarde noire et bl.	66	Sarrasin...........	26
Lupin............	28	Lotier............	9

Plantes sarclées.

Choux cavalier......... 10
Laitues pour les cochons (v. p. 88).
Maïs................. 50

Racines

Betteraves.........	57	Pommes de terre....	56
Carottes..........	58	Topinambourg......	35
Panaïs...........	59	Raiforts champêtres.	33

Plantes industrielles.

Betteraves à sucre...	57	Lin...............	16
Caméline..........	38	Chanvre...........	15
Soleil...........	14	Coton............	17

Tabac.............	18	Indigo.............	61
Pastel.............	62	Garance..........	60
Gaude.............	39	Cardère à foulon....	40
Safran.............	63		

MAI.

Plâtrer les trèfles, vesces, échardonner les blés, œilletonner les artichauts, en planter de nouveaux, ramer les pois qui sont déjà forts, biner la vigne et les plantes sarclées; on fauche les vesces, luzernes, trèfles, sainfoins et la première coupe des prairies naturelles, et on se dispose pour l'arrosage.

On sème :

Céréales.

» »

Fourrages.

Vesces noires et blanches..	7
Sainfoin................	26
Luzerne................	55
Millet.................	51
Maïs pour faucher en vert..	50
Moutarde blanche........	66
Sarrasin................	26

Plantes sarclées.

Rutabagas.........	11	Maïs.............	50
Choux.............	10	Haricots..........	23
Laitues...........	94	Millet.............	51

Racines.

Betteraves.........	57	Panaïs.............	59
Pommes de terre....	56	Topinambourg......	35

Plantes industrielles.

Betterave à sucre....	57	Tabac..............	18
Sézame............	69	Gaude.............	39
Soleil.............	14	Garance...........	60

JUIN.

C'est dans ce mois que se termine la fenaison et que commence la moisson, on bine les plantes sarclées, et on sème :

Céréales.

» »

Fourrages.

Maïs pour couper en vert..	50
Sarrasin................	26

Plantes sarclées.

Betteraves à repiquer.....	57
Pommes de terre.........	56
Navets.................	34

Plantes industrielles.

Cardères *à foulon*........	40
Navette................	37

JUILLET.

On achève la moisson, et il faut labourer aussitôt les terres ; fumer et ameublir celles où l'on veut faire une récolte de haricots après les céréales ; prendre grand soin d'arroser les jeunes arbres plantés de l'année, les oliviers surtout.

On sème :

Céréales.

» »

Fourrages.

Sarrasin. 26

Plantes sarclées.

Navets. 34
Pommes de terre. 56

Plantes industrielles.

Colza. 13
Navette. 37
Haricots *sur chaume*. 23

AOUT.

C'est dans ce mois que se font les meilleurs défrichements, en terre argileuse, alors qu'elle est parfaitement sèche et se réduit facilement en poussière.
On prépare les terres qui vont être ensemencées le
mois prochain, et on fait les récoltes de lin, de cardère, etc., qui arrivent à màturité.

On sème :

Céréales.

Spergule. 22

Fourrages.

Trèfle incarnat. 8
Criblure pour faire manger sur pied. 29-5

Plantes sarclées.

Navets. 34

Plantes industrielles.

Navette. 37
Gaude. 39

SEPTEMBRE.

C'est le mois de la vendange et de l'ouverture des grands travaux pour les semences ; on fauche les regains , on récolte les fèves, féverolles , les graines de trèfles et la plupart des racines, qu'il faut bien soigner en les enfermant si on veut qu'elles se conservent pour l'hiver. On élague les arbres , dont les branches sont destinées au bétail.

On sème :

Céréales.

Seigle..................	19
Froment...............	1
Avoine.................	2
Orge..................	20
Epautre...............	21

Fourrages.

Luzerne........................	55
Vesces mêlés avec l'avoine..........	7
Féverolles.....................	4
Lupin.........................	28
Trèfle........................	8
Sainfoin......................	29
Mélilot.......................	30
Trèfle incarnat.................	8
Fénasses......................	41
Criblure pour faire manger sur pied.	29-5

Plantes sarclées.

Raiforts pour la race bovine..........	33

Plantes industrielles.

Cardère à foulon..................	40

OCTOBRE.

On achève la vendange, on continue les semences de céréales; on tire à la charrue les sillons d'écoulement, si on ne l'a fait dans chaque terre après l'avoir ensemencée, et on cure les fossés.

On prépare les tonneaux pour recevoir le vin; on décuve pour le commerce, et on prépare ensuite la piquette pour sa boisson, et les feuilles de vigne avec le marc. (Voir page   .) C'est aussi l'époque de faire le raisin sec, le raisiné et de recueillir le miel.

On sème :

Céréales.

Froment de toute espèce.....	1
Seigle......................	19
Orge carrée ou escourgeon...	20
Epautre.....................	21
Avoine......................	2

Fourrages.

Sainfoin....................	29
Vesces mélangées avec avoine.	7
Féverolles..................	4
Trèfles dans les céréales.....	8
Luzerne.....................	55
Mélilot.....................	30
Pois........................	23
Fénasse.....................	41
Lupins......................	28

Plantes sarclées.

Fèves de marais............	4

Plantes industrielles.

» »

NOVEMBRE.

On butte la garance, on fait des saignées aux terres qui sont humides, et on visite les sillons d'écoulement; on met sa cave en ordre, et on soigne les racines qui doivent être consommées en hiver; on s'occupe de l'engraissement des porcs, au moyen de soupes; on cueille les olives pour confire, on commence à tailler la vigne et les arbres.

On achève les semences tardives de :

Céréales.

Froment....................	1
Seigle.....................	19
Épautre....................	21
Avoine.....................	2
Orge......................	20

Fourrages.

Trèfles dans les céréales.....	8

Plantes sarclées.

Fèves de marais...........	4

Plantes industrielles.

» »

DÉCEMBRE.

Les travaux des champs à peu près terminés, on fait la récolte des olives pour l'huile, on continue à tailler la vigne, on visite les sillons d'écoulement, on prépare les couches et les abris pour les semis du jardin, on s'occupe de l'engraissement du bétail, et l'on arrête ses comptes de dépenses et recettes, on met à jour sa comptabilité.

On sème :

Céréales.

Avoine. 2
Orge. 20

Fourrages.

Vesces noires avec avoine. . . . 7

Plantes sarclées.

Fèves de marais. 4

Plantes industrielles.

Pavots. 68

De la Culture sans Engrais,

Système Bikès.

Nous empruntons à un excellent article de MM. Jobard et Moigno, publié dans la *Presse* du 1er août, ces quelques lignes : « On s'obstine depuis des siècles »à donner presqu'exclusivement l'engrais au sol, »tandis qu'il faut absolument arriver à le donner à la »graine elle-même. » Résoudre le problème ainsi posé par ces économistes, c'est réduire à leur plus simple expression un grand nombre de difficultés qui enchaînent la production, c'est ouvrir une nouvelle carrière à l'agriculture, tel est le but que nous fait entrevoir le procédé Bikès.

Dans l'état actuel de notre organisation sociale, les grands centres de population se trouvant généralement éloignés des pays de production, il résulte que le prix de transport de l'engrais de ville est tellement élevé, que l'on préfère la plupart du temps l'abandonner au courant des rivières et même créer à grands frais des ruisseaux pour s'en débarrasser ; cette perte inévitable de fumiers n'est pas la seule que l'agriculture ait à déplorer. L'imperfection de nos instruments aratoires et par suite de la mauvaise administration, la négligence, sont cause qu'après les cultures, on voit presque toujours à la surface des terrains une grande quantité d'engrais dont la pluie, le vent, le soleil, entraînent ou absorbent les meilleures parties.

Partout et toujours, cette déperdition de la terre a lieu, car, en général, on ne lui rend pas ce qu'elle donne, et partout la difficulté des transports d'engrais à de grandes distances, nuit au développement de l'agriculture ; de toutes parts on entend les mêmes plaintes des cultivateurs ; ils ne font pas de meilleures cultures faute de fumiers, et ils manquent sans cesse de fumiers, parce que la consommation de leurs produits ayant lieu dans les grands centres, ils ne peuvent à cause des distances rapporter sur leurs terres l'équivalent de ce qu'elles ont produit.

En présence de tous ces faits, incontestables et d'une haute importance, ne serait-il pas du devoir d'un gouvernement sage et prévoyant d'encourager tous les hommes qui s'occupent, et s'occuper lui-même de résoudre cet immense problème des engrais, de faire suivre *consciencieusement et sur divers points* des essais de toute nature et de proclamer ensuite ce qui est bon, ce qui est mauvais, de manière à ne pas laisser les cultivateurs dans le doute, exposés au charlatanisme des contrefacteurs (1)? Mais

---

(1) Quelques charlatans contrefacteurs du système Bickès vendent dans les campagnes un spécifique universel applicable à toutes les semences ; ils prétendent, et nous le tenons de M. Jouy, représentant du peuple du département de l'Aude, que de même que tous les fumiers sont employés pour toutes les terres, pour toutes les plantes, leur spécifique, essence de tous les engrais, est applicable aussi à toutes les plantes, à tous les terrains. Les cultivateurs qui ont pu apprécier la valeur de tel ou tel engrais, de porc, de vache, de cheval, de

absorbés par la politique, nos gouvernants oublient l'agriculture; ils en abandonnent la direction à une certaine coterie, et qui ne sait que nul n'a d'esprit qu'elle et ses amis?

Quant aux agronomes de cabinet, nous considérons leur critique, au sujet du système Bikès, comme leurs conseils aux cultivateurs sur les aliments salés pour les bestiaux (1), et nous les engageons à aller étudier ce qui se pratique en Provence, où l'on obtient les plus belles récoltes au moyen d'une quantité de tourteau en poudre égale tout au plus en volume au volume de la semence (2), à la condition toutefois que l'on place l'engrais à la main sur la graine.

Si le procédé Bikès, depuis qu'il est connu en

---

mouton, de volaille, suivant les plantes et les terrains, feront bonne justice de ces fables. Il en est des plantes comme des animaux, les uns se nourrissent d'herbages, tandis qu'aux autres il faut de la viande.

(1) Tous les éleveurs savent que la ration de sel à donner à une vache varie suivant sa grosseur et le genre de nourriture auquel elle est soumise; ils savent aussi que les chevaux mangent très bien les fourrages salés et se trouvent bien de ce régime, et enfin que le sel est un poison pour la volaille. Eh bien! un journal d'agriculture (du 15 octobre) conseille, pour les vaches, une même quantité de sel, défend les fourrages salés pour les chevaux, et prescrit l'usage du sel pour la volaille.

(2) Nous devons aux sages conseils de M. Bon, agronome distingué de Cavaillon (Vaucluse), d'avoir pour la première fois, en 1845, employé à Castries (Hérault), le tourteau en poudre, sur un simple labour dans des terrains qui n'avaient pas été cultivés auparavant; l'opération fut de deux sillons l'un, et les produits presque nuls dans ceux qui n'avaient pas été préparés, furent des plus beaux du pays dans les autres.

France, n'a pas atteint un plus haut degré de perfection, et n'est pas plus répandu, la faute n'en est-elle pas à ceux qui sont payés pour améliorer ou encourager? Mais la crainte de se voir renvoyés de leur traitement par d'autres plus capables fait un devoir aux membres de la coterie de ne recevoir comme *bon* que ce qui vient d'eux et voilà tout le mal.

Le procédé de M. Bikès est une de ces découvertes importantes qui apparaissent à de longs intervalles pour fournir un nouveau but aux recherches des savants et des économistes qui s'occupent de l'amélioration de l'humanité; ce procédé, que nous proposons d'appeler *Bikage*, fondé sur la théorie la plus rationnelle et confirmé par l'expérience, est des plus simples : il consiste en un pralinage des semences au moyen d'un mélange d'eau et de poudre particulière, appropriée à chaque espèce de graine et à chaque terrain.

Nous sommes loin de penser que cette découverte ait encore dit son dernier mot; mais nous avons la conviction qu'elle porte en elle le germe d'une amélioration réelle, tant pour la quantité que pour la qualité des produits agricoles, et pour l'économie de la production. En effet, n'est-il pas facile de comprendre que les semences revêtues d'engrais normaux arrivent en terre avec les conditions favorables à une bonne germination, que les premières petites racines trouvent en naissant un aliment approprié, au lieu de languir jusqu'à ce qu'elles atteignent le fumier, et que, de même qu'une nourriture saine, donnée à l'animal en bas-âge, influe sur son développement, de même la vigueur du jeune âge de la plante se fera encore sentir pendant toute la durée de la végétation?

Quoiqu'en dise le journal officiel *(Moniteur* du 15

janvier 1850, les résultats que nous avons obtenus de divers essais ne nous laissent plus de doute sur l'efficacité du procédé Bickès ; et afin d'entourer nos paroles de plus de garantie, nous avons soumis nos essais à un grand nombre de cultivateurs, parmi lesquels M. Ruel, gérant de M. Mouriez, membre de la société centrale d'agriculture du département du Gard, et M. Camille Cambon, agriculteur pratique très distingué et l'un des membres les plus influents de la société centrale d'agriculture de l'Hérault (1).

Nous engageons les cultivateurs non-seulement à répéter les essais que nous avons fait nous-même, mais encore à rechercher des applications et des compositions nouvelles pour le perfectionnement d'un système qui promet beaucoup à l'agriculture.

Nous donnons ici toutes les instructions nécessaires pour l'application d'après M. Bikès lui-même :

INSTRUCTION N° 1. — *Préparation pour un hectolitre de pommes de terre.*

Deux litres de poudre délayée dans deux ou trois litres d'eau. — On verse l'eau tiède sur la poudre en la délayant bien, et on laisse reposer cette solution au moins une ou deux heures. Il est mieux de le faire un jour auparavant.

---

(1) Le 15 décembre dernier, nous avons ensemencé des pois parisiens, partie étaient naturels, les autres étaient revêtus de leur manteau d'engrais et de cendres tamisées, au 15 février, jour où ils ont été visités par M. Cambon, les pois préparés avaient atteint une hauteur de 15 centimètres, tandis que les autres en avaient à peine cinq.

Si l'on opère sur le terrain, on trempe les pommes de terre dans la solution et on les met immédiatement en terre. — Quand on les trempe à la maison, on les roule après dans la terre grasse ou argileuse, sèche, en poudre ou dans de la cendre passée au tamis.

L'opération se fait mieux dans un panier qu'on trempe dans le liquide ; pour cette opération, il faut deux baquets, le premier contenant le liquide, et le second sur lequel on met deux bâtons et au-dessus le panier, trempé pour en faire découler ce qu'il y a de trop de liquide. — Pour travailler plus vite, il est convenable de se servir de deux paniers, dont l'un pour les pommes de terre à imbiber, l'autre pour celles que l'on fait égoûter. — Sur les champs, on peut prendre aussi une cuve ou un tonneau qui a au-dessous du fond un trou par lequel échappe le liquide. Dans ce cas, on arrose les pommes de terre par dessus, et on verse de nouveau sur ces tubercules le liquide qu'on a recueilli en dessous du trou. L'objet essentiel est de faire absorber par un hectolitre de pommes de terre la quantité de la préparation de liquide ci-dessus indiquée et de les rouler ensuite dans la cendre tamisée.

INSTRUCTION N° 2. — *Préparation pour un hectolitre, de blé, orge, avoine, sarrasin, sainfoin.*

Cinq litres de poudre mise en dissolution, dans cinq litres d'eau tiède. — Il faut avoir le soin de bien préparer et laisser reposer la solution quelques heures. — On fera encore mieux le mélange un peu avant l'application. Arroser avec ce liquide un hectolitre de graines de manière à ce qu'il l'absorbe complétement. Il est plus convenable de mettre le liquide en deux moitiés, afin que les grains soient bien imbibés, qu'il n'y ait pas de perdition de liquide et qu'il soit bien répandu. Afin de sécher et isoler les grains, on doit les rouler dans la terre grasse ou argileuse, ou des cendres qu'on a passées par un gros tamis : trois ou quatre litres suffisent pour un hectolitre de grains. Les grains ainsi séchés peuvent être ensemencés immédiatement. — Quand on n'a pas le temps d'ensemencer de suite, il faut avoir le soin de répandre sur une planche, ou dans un local bien sec et aéré, et de retourner les tas jusqu'à ce que les graines soient bien séchées : on peut conserver les semences préparées pendant plusieurs années.

Instruction n° 3. — *Plantes herbacées, cultivées pour agrément.*

Un litre de poudre mise en dissolution dans deux litres d'eau tiède. — Il faut faire le mélange avec soin, afin que le liquide absorbe la totalité de la poudre. On laisse reposer la mixtion pendant deux heures. Il est mieux de la laisser reposer un jour avant l'opération, et qu'avant de l'employer on secoue et on délaie les parties solides, pour que la mixtion ait lieu de la manière la plus complète. — Pour une plante faible, ou petit pot, il suffit d'en mettre un dé ; une plante de 40 ou 50 centimètres, de un dé et demi à deux dés, et au-dessus dans la même proportion. — Il est plus facile aux fleuristes de suivre cette indication avec soin, vu que la différence en grandeur et en vigueur diffère trop pour indiquer la mesure pour toute plante ou pour tout âge en particulier. Il est dangereux de dépasser la mesure indiquée. Après l'application de la matière, il faut arroser la plante avec de l'eau pure. — Il faut faire seulement une fois l'application des matières. Lorsqu'on veut préparer avant l'ensemencement les graines de fleurs, on met un certain volume de poudre en dissolution dans le même volume d'eau tiède et on arrose les graines, que l'on fait sécher avec de la terre grasse ou argileuse, ou des cendres, comme il a été dit.

INSTRUCTION N° 4. — *Arbres, vignes, plantes ligneuses.*

On fait dissoudre 1 litre de poudre dans 1 litre d'eau tiède, on laisse infuser quelques heures ou mieux un jour la solution, avant d'en faire l'application. — Au moment d'en faire usage, on remue le tout afin que les parties solides qui sont au fond soient également répandues. — Après le mélange de 4 litres de poudre et de 4 litres d'eau, il reste seulement pour l'imbibition 7 litres de solution.

Les quantités à employer sont comme suit :

Arbre de	3 à 4	centimètres de diamètre		2 à 3	centilit.	
»	4	6	—	—	3	4	»
»	6	9	—	—	4	8	»
»	9	12	—	—	8	12	»
»	12	18	—	—	$^1/_4$	de litre	
»	18	24	—	—	$^1/_2$	»	
»	24	30	—	—	1	»	

Pour les arbres malades on peut doubler les quantités ; la grande variété des espèces, la différence de proportions entre la hauteur et le diamètre des arbres en général, est trop grande, pour pouvoir fixer plus exactement la quantité à mettre ; pour les arbres fruitiers en général, la proportion indiquée est bonne en pratique, il vaut cependant mieux mettre plutôt plus que moins.

Pour l'application, on ouvre la terre autour du pied de l'arbre, on y verse la solution, et on arrose ensuite avec quelques litres d'eau, afin que la matière se répande mieux et coule le long des racines.

Arbrisseaux. — On met pour une plante de 2 à 3 mètres de hauteur, 1 à 2 centilitres de solution.

Plantes ligneuses d'agrément. — On met pour une plante de :

30 à 40 centimètres de hauteur $^1/_{800}$ de lit. ($^1/_4$ de dé.)

1 mètre à 1 m. 50 c. *Id.* $^1/_{200}$ de lit. (1 dé.)

1 » 50 à 3 m. *Id.* $^1/_{100}$ de lit. (2 dé.)

Vignes hauteur ordinaire. — 100 litres de poudre dissous dans 100 litres d'eau, donnent 175 litres de solution, dont on prend 2, 3 et même 4 centilitres pour chaque pied. — Le chiffre moyen de 3 centilitres produit une grande vigueur. Pour l'application, on fait soit avec un fer pointu, soit avec un morceau de bois, un trou au pied du cep, on y verse la mesure indiquée et après un peu d'eau; si le sol était bien humide, on pourrait se dispenser de l'arrosement. — Pour la petite transplantation, on se borne à tremper le cep ou la racine dans la solution.

Préparation pour la transplantation. — S'il s'agit de grands arbres, on verse la quantité requise auparavant dans le trou. Pour une petite quantité de semences, on prend un dé ou une cuillerée de poudre et autant d'eau et on met ensuite la graine en proportion de la solution.

INSTRUCTION N° 5. — *Plantes tinctoriales et tabacs.*

Cette instruction qui tient plus ou moins des trois premières, est applicable aux plantes tinctoriales, garances, indigo, gaude, safran, etc., et aux tabacs. Pour la pratique, on se conforme à ce qui a été déjà prescrit ; mais il est *indispensable*, en adressant les demandes de poudre, d'expliquer à quelles plantes ou graines, et surtout à quels terrains (argileux, calcaires, sables ou graviers) on les destine, et s'ils craignent la sécheresse.

L'entrepôt de l'engrais-Bikès est, à Paris, rue des Petites-Écuries, 47, et pour le midi de la France Montpellier (Hérault), chez M. Teisson, Carrossier.

Prix des diverses préparations :

N°		PAR	
		arpent	hect⁺
1	Blé, épautre, seigle, orge, avoine, sainfoin, sarrasin, 100 litres par hectare...........		
2	Haricots, pois, lentilles, vesces............		
3	Luzerne et autres trèfles, 20 litres.........	10	20
4	Ray gras et autres herbes, 50 litres........		
5	Navets, 3 litres........................	10	20
6	Chanvre, 250 litres.....................		
7	Lin 250.........................		
8	Colza 3.......................		
9	Pavot 3.......................	15	30
10	Maïs 50.......................		
11	Betteraves, 6.........................		
12	Arbres forestiers, 50 litres..............	10	20
13	Arbres fruitiers, paquets à..............	3	6
14	Fleurs, herbacées, choux, persil, etc., paq.	1	5
15	Oignons, do de.	1	5
16	Vignes pour 100 pieds (le port en sus)......	2	25
17	Pommes de terre pour un hectolitre........	»	»
18	Garance, gaude, safran, tabacs.............	10	20

De la Préparation des Fourrages.

La manière de préparer les fourrages dont parle M. Mathieu de Dombasle dans ses écrits, après l'avoir pratiquée lui-même, a été jusqu'ici peu usitée dans le midi de la France, et c'est là pourtant, dans les terrains salés surtout, qu'elle serait la plus utile.

Si les fourrages récoltés sur les terrains salés sont ordinairement blanchâtres et durs, c'est par suite de la négligence que l'on apporte dans leur préparation. Une fois coupés, on les laisse souvent pendant trois à quatre jours étendus sur la prairie, passant alternativement d'une nuit humide à une chaleur tropicale ; et lorsqu'ils sont très secs, qu'ils ont perdu leur odeur et leur saveur, on les enferme. Est-il surprenant que la vente en soit difficile et que les officiers de cavalerie n'en veuillent pas pour leurs chevaux ?

Voici le mode de préparation que nous avons employé, et qui a fait accepter d'un officier de cavalerie très pointilleux le fourrage que nous lui avons offert.

Au lieu d'attendre la maturité complète, faire faucher pendant que les plantes ont encore toute leur verdeur ; ce que l'on perd, si toutefois on perd, en fauchant la première coupe de bonne heure, se retrouve à la deuxième. Trois ou quatre heures après avoir fauché, on vient avec la fourche, et de dix petits andains on en forme un seul, auquel on donne la forme d'un toit très incliné pour passer ainsi la nuit. Si le lendemain la journée est très belle, étendre les gros andains, tourner et retourner trois ou quatre fois dans la journée, empiler le soir pour passer la nuit et renfermer le lendemain. Si la journée n'est pas très

10.

belle, au lieu d'étendre les gros andains, on pourra les empiler et les laisser en tas pendant plusieurs jours sans avoir à craindre la moindre perte. Deux ou trois heures de soleil suffisent pour préparer un fourrage ainsi entassé depuis trois ou quatre jours et plus encore.

Lors d'une série assez longue de pluies, il nous est arrivé de laisser du foin en pile pendant quinze jours sans qu'il se soit gâté; nous avions eu seulement le soin de faire entr'ouvrir les tas tous les deux ou trois jours. Nous en fîmes ainsi préparer et enfermer environ 200,000 kilogr. dans deux vastes greniers. Quinze jours après, les foins commencèrent à se chauffer; mais plein de confiance en ce que disait M. de Dombasle, nous laissâmes tranquillement la vapeur se condenser à la partie supérieure, et le foin se conserva, pendant toute l'année, souple, parfumé et très goûté des animaux.

De la Préparation de la Piquette.

Nous ne voulons pas parler ici de frelater les vins, comme cela se pratique ordinairement dans le commerce, mais seulement d'un mode de préparation très simple pour se procurer une boisson agréable et peu coûteuse. Les vins du Midi sont presque tous gros, noirs, sucrés, parce que les négociants ne les employant que pour colorer et fortifier les vins légers du Nord les veulent ainsi, et les cultivateurs, n'ayant pas toujours deux cuves à leur disposition, sont obligés de sacrifier leur goût à leur intérêt.

Après avoir tiré de la cuve tout le gros vin noir, destiné au commerce, il faut ramasser de suite ou même avoir ramassé d'avance les raisins verts qui restent au bout des sarmehts après la vendange , les fouler et les jeter sur le marc , remplir la cuve d'eau et laisser fermenter pendant huit jours. La piquette que l'on soutire alors fournit de suite une boisson agréable qui se bonifie beaucoup lorsqu'on la laisse exposée à la gelée.

Préparation du Marc avec feuilles de vigne pour le bétail.

Au lieu de retirer le marc pour le passer au pressoir, il faut jeter par-dessus les feuilles de vigne pendant qu'elles sont encore vertes, les mélanger autant que possible avec le marc et les couvrir d'eau. On laisse ce mélange submergé pendant tout l'hiver, et l'on en tire chaque jour un bon repas, au moins, pour tous les bestiaux. Le bœuf, le cheval, la mule, le porc, et même la volaille sont très friands de cette nourriture, surtout si l'on a eu soin de jeter quelques kilogrammes de sel dans la cuve.

Au moyen de ces deux préparations on économise les frais de pressoir, on se procure à très peu de frais une boisson agréable et on augmente ses moyens d'alimentation pour le bétail.

Manière de calculer le prix du Vin qu'on vend à la fabrique.

Nous reproduisons ici une lettre que nous avons publiée dans l'*Indépendant* de Montpellier :

Comme je vous le disais dans ma précédente lettre, notre association , essentiellement agricole, s'occupe chaque soir, après la journée, de tout ce qui peut intéresser l'agriculture ; et c'est encore à elle , à ces réunions de famille où chacun semble solidaire des intérêts de tous, que je dois de pouvoir vous signaler un fait qui se passe journellement au préjudice et à l'insu des cultivateurs.

Nous n'avons pas à revenir pour le moment sur la loi qui rétablit l'impôt des boissons, car la majorité souveraine de l'assemblée a parlé; notre intention n'est pas non plus d'attaquer la loyauté des fabricants de 3/6, puisque c'est seulement le défaut de la plupart des cultivateurs d'employer l'ancien système de pesage, qui leur fait perdre 1 fr. 25 c. et jusqu'à 2 fr. par muid de vin; mais le pauvre Jean Raisin est tellement surchargé de droits et de vexations de toute nature, approuvés par la loi, que nous croyons juste et nous nous faisons un devoir d'éclairer le vigneron sur ce qui se passe ordinairement lorsqu'il va vendre du vin à la fabrique.

Par exemple : le prix des 3/6 étant de 45 fr. l'hectolitre, on pèse et le thermomètre donnant 18
l'alcoomètre........... 35
on obtient 233 livres de 3/6; on multiplie alors 45 fr. (prix de l'hectolitre de 3/6) par 38, qui est le multiplicateur adopté depuis une autre époque et l'on obtient 17 fr. 10 c. En multipliant ensuite 233 livres (poids du vin) par 17 fr. 10 c. (prix du quintal), on trouve que le muid de vin vaut 39 fr. 84 c.

Nous croyons inutile d'entrer dans de grands détails pour démontrer le vice de cette opération; il nous suffit de dire que le multiplicateur 38 n'est pas exact par rapport à notre muid de 700 litres, et qu'il est indispensable de s'en rapporter au système centésimal. Nous allons du reste expliquer comment on doit opérer pour faire comprendre la différence que nous signalons.

Le prix des 3|6 étant toujours de 45 fr. l'hecto-
litre, on pèse et le thermomètre donne 18

l'alcoomètre......... 35

mais au lieu de prendre le tableau qui exprime le
quintal, il faut employer le tableau centésimal et
alors 18 therm., 35 alcoom. égalent 13 litres 08 cent.
de 3/6 par hectol. de vin; en multipliant ensuite ce
dernier chiffre par 7 (nombre d'hectolitres du muid),
on trouve que les 700 litres de vin produisent 91
litres 56 centil. de 3/6; et que 91 litres 56 cent.
multipliés par le prix de l'hectol. de 3/6, 45 fr.,
donnent pour prix du muid de vin....... 41^f 20°

au lieu de................... 39 84

Soit une différence à l'avantage du vendeur de 1^f 36^c

Salut fraternel,   A. REDIER ,
Directeur du Bataillon agricole.

Des Bestiaux.

Sans bétail point d'agriculture, car sans lui point de fumier. Mais avant de s'occuper de l'achat de son bétail, il faut consulter la localité et ses ressources pour l'avenir. Les bœufs, les chevaux, les mules coûtent fort cher, et il faut les attendre trop longtemps; leur élève ne peut être avantageux que lorsqu'on le fait sur une grande échelle ou sur des terrains en plein rapport. Les moutons exigent des soins tout particuliers dans les terrains marécageux, et encore arrive-t-il trop souvent qu'ils se gâtent si on les amène trop matin au pacage, avant que la rosée soit dissipée.

L'âne, le porc, la chèvre, les lapins et la volaille réussissent beaucoup mieux, font attendre moins longtemps leurs produits; ils conviennent mieux à la petite culture.

De l'Ane.

L'âne est employé au transport à dos de toutes les denrées, et il est en outre une monture agréable; se nourrissant de tout, roseaux, joncs, sarments de vigne, feuilles de choux, de salade. de vigne et de toutes les herbes grossières que l'on trouve sur le bord des chemins; il produit plus en fumier qu'il ne

dépense pour sa nourriture. A deux ans, on peut
déjà le faire travailler, et pour peu qu'on le nourrisse
bien, on peut lui demander jusqu'à douze et quatorze
heures de travail par jour. Nous en avons employé
un dès l'âge de deux ans et demi à tourner une noria
qui élevait environ 6 mètres cubes d'eau par heure à
une hauteur de 5 mètres. Il nous est souvent arrivé,
avec ce petit âne (1 mètre), attelé à une cariole
montée de cinq personnes, de faire en une heure le
parcours de Castries à Montpellier (12 kilomètres).

L'âne est un animal d'une utilité de tous les instants
pour le petit cultivateur, aussi est-ce par lui qu'on
doit commencer l'achat de son bétail. Les petits sont
généralement les meilleurs en même temps que les
plus faciles à charger et à décharger.

Du Porc.

Le porc et l'âne ont une certaine similitude au
point de vue du peu de soin qu'on leur accorde,
malgré leur utilité incontestable ; à celui-ci, parce
qu'il est très sobre, on refuse souvent la nourriture,
et parce que l'autre aime à se vautrer de temps en
temps, on le laisse croupir dans une loge infecte. Le
porc aime cependant la propreté autant que tout
autre animal ; il n'en est pas un, qui goûte le repos
sur une litière fraîche, avec plus de délices, et lequel
témoigne plus que lui son bonheur quand on l'étrille !
Le porc mange toutes les racines cultivées, la plupart des plantes que l'on trouve dans les champs,
les eaux grasses provenant du ménage, les viandes
gâtées, etc. Mais pour que tout cela lui soit profitable, il faut lui en faire des soupes saupoudrées d'une
poignée de farine d'orge, de millet ou de tourteaux de
graines oléagineuses.

Si l'on veut élever des porcs, il convient de se procurer des femelles de la race de Mayorque : elle est la meilleure, se nourrissant et s'engraissant facilement. Les mères sont très bonnes nourrices et moins sujettes que les autres à dévorer leurs petits dès qu'ils sont nés ; il ne faut pas moins les surveiller lorsqu'elles sont prêtes à mettre bas et leur donner fréquemment à boire tiède dans leur dernier temps. Elles portent pendant cent dix à cent quinze jours et donnent en moyenne sept à huit petits à chaque ventrée. Dix ou quinze jours après la mise bas, on peut les faire couvrir de nouveau.

Les petits peuvent être sevrés et vendus après 25 ou 30 jours ; on les nourrit avec un peu de farine délayée dans l'eau tiède, des soupes de feuilles de choux, de salade, du trèfle, et enfin un peu de tout.

Le porc demande à être tenu proprement ; il faut rafraîchir souvent sa litière, et le conduire à l'eau une ou deux fois par jour pendant les grandes chaleurs.

De la Chèvre.

La chèvre est encore un animal de grande utilité pour le petit cultivateur qui ne peut avoir une vache ; elle lui donne du lait en quantité suffisante pour les besoins du ménage et elle n'exige pas une grande dépense d'entretien.

La chèvre aime à être tenue proprement et à sec sur des pierres ou des rochers. Lorsqu'on n'en a qu'une, et c'est assez, on peut disposer pour elle, dans un coin de l'écurie de l'âne, un petit plan de 2 mètres environ de superficie à 80 c. ou un mètre environ au-dessus du niveau du sol avec un petit ratelier. On nourrit la chèvre de toute espèce de feuilles d'arbres et de vigne et de toutes herbes qu'elle trouve dans les champs ; elle trouve à brouter partout et lorsqu'on la laisse dehors, il faut toujours qu'elle soit attachée loin des arbres, car elle est très friande des jeunes pousses et elle a la dent cruelle. La chèvre ronge très volontiers l'écorce des branches que l'on coupe lors de la taille des arbres. On la fait boire deux fois par jour.

Pour attacher la chèvre, de même que l'âne, au pacage, on fixe solidement par ses deux extrémités, au moyen de piquets, une corde de 15 à 20 mètres de longueur, bien tendue, et on attache l'animal par sa longe à cette corde au moyen d'un anneau qui glisse d'un bout à l'autre de la corde.

On accouple la chèvre avec le bouc vers le mois de novembre, de manière que les chevreaux arrivent au moment où l'herbe commence à croître ; quelques jours avant la mise bas et quelques jours après, on la fait boire tiède et on la soigne un peu mieux, car elle a souvent le part laborieux.

On nourrit les chevreaux avec le lait de la mère pendant un mois environ à six semaines, et alors comme ils sont gras, on les vend pour la boucherie.

Si l'on veut les conserver, il ne faut pas les laisser téter la mère et les habituer de bonne heure à boire au baquet en leur trempant le bout des lèvres dans le lait et leur plaçant alors le doigt dans la bouche. Une fois accoutumés, on leur mélange du petit son ou de la farine dans du lait étendu d'eau, et on augmente progressivement la dose, de manière à pouvoir jouir de tout le lait le plus tôt possible, sans nuire au développement du chevreau.

Pour éviter les tracas de la gestation et du part, l'interruption du lait pendant les derniers temps, et des courses souvent fort longues pour conduire la chèvre au bouc , on peut obtenir du lait de la chèvre sans la faire couvrir; pour cela, dès l'âge de 18 à 20 mois, il faut la traire deux fois par jour, le matin et le soir. On n'obtient d'abord qu'une liqueur roussâtre et épaisse; mais bientôt elle arrive plus claire, et, avant un ou deux mois au plus, l'on obtient du lait dont la quantité augmente progressivement. Il est bon, pendant le mois où l'on appelle ainsi le lait, d'augmenter la nourriture de la chèvre et de lui donner des racines . telles que carottes, betteraves.

Les meilleures chèvres sont de grande taille, larges de derrière, poil doux et uni, mamelles grosses et longues; elles vivent 7 à 8 ans; dès la sixième ou septième année, il faut tâcher de les engraisser et de les vendre ce que l'on peut.

Des Lapins.

Pour que l'élève du lapin soit avantageux, il faut mettre le mâle avec les femelles de manière à faire arriver les petits à la fin de l'hiver, alors que l'herbe pousse partout. On laisse multiplier pendant tout l'été, et on ne garde pour passer l'hiver que les femelle reconnues bonnes et un ou deux mâles.

Le lapin multiplie beaucoup; les femelles donnent jusqu'à dix ou douze petits par mois; il faut les tenir dans un lieu sec et les préserver des rats.

De la Volaille.

La volaille bien soignée donne d'assez grands produits; au lieu de la laisser courir dans la campagne, où elle fait souvent des dégâts considérables, il faut l'enfermer dans un treillage ou dans une cour, où on la nourrit avec des soupes d'herbes hachées, mélangées d'un peu de son et de tous les grains grossiers, rebut des récoltes. On leur en donne un repas le matin et le soir.

La dinde, la poule, le pigeon, et l'oie et le canard, quand on a de l'eau à volonté, sont les volatiles les plus faciles à élever ; leur logement doit être tenu toujours proprement, et de temps en temps parfumé avec du thym, de la lavande ou du genièvre. On ne doit jamais les laisser manquer d'eau et renouveler la paille des nids tous les mois au moins.

LOGEMENT DU MENU BÉTAIL.

(Voir la planche ci à côté.)

Chacun peut l'établir soi-même, dans sa basse-cour ou contre sa maison d'habitation, de manière qu'il y ait toujours une façade exposée au midi ; les côtés de l'est et de l'ouest sont ceux qu'il est préférable d'adosser, et l'on place alors les portes d'entrée et l'échelle pour les poules sur la façade opposée qui reste libre.

La hauteur totale des loges superposées peut varier de 5 à 6 mètres, y compris la pente très inclinée du toit.

Pour les construire, il faut assembler quatre perches (A) de 6 à 7 mètres de longueur, au moyen de traverses que l'on fixe avec des clous à l'endroit où seront les planches (B). On dresse ensuite sur quatre trous (C) profonds de 80 c. à 1 mètre, dans lesquels on établit solidement les quatre colonnes.

Le pourtour de la loge du porc doit être garnie de planches ou de piquets jusqu'à une hauteur de 80 centimètres, afin que l'animal ne puisse dévorer le chaume. On fait la même opération au premier étage pour les lapins, de manière que les petits ne puissent passer à travers. On recouvre ensuite le tout avec du roseau ou de la paille, que l'on attache par poignées les unes contre les autres sur des traverses en fil de fer, en commençant par le bas.

Du côté du nord, on laisse des trous (D) ronds, qui restent ouverts pendant l'été, et que l'on ferme avec une poignée de foin lorsque le froid arrive.

Le toit (E), comme toutes les couvertures en

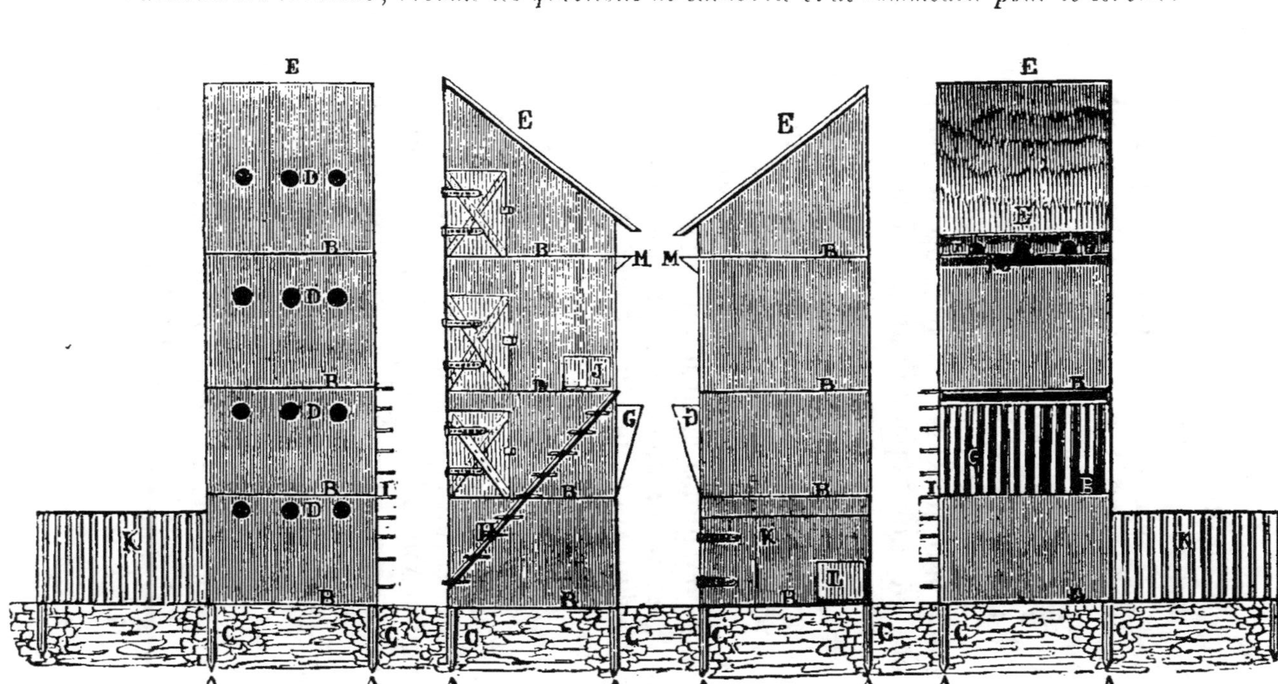

Plan de loges pour cochons, lapins, volaille et pigeons, dont le prix de construction, à la portée de tous les
cultivateurs et colons, résume les questions de salubrité et de commodité pour le service.
Nord.
Echelle de 1 cent. par mètre.
Sud.

chaume, doit être très incliné et déborder de 40 à 50 centimètres pour abriter les pigeons, qui aiment à se tenir sur le seuil de leur trou (F) pendant la pluie.

La façade du sud, pour les lapins, doit être formée d'un treillage, afin de leur donner de l'air et surtout du soleil. Ce treillage (G) en fil de fer ou en bois dur doit être incliné en avant de manière qu'on puisse jeter l'herbe dans la loge sans l'ouvrir chaque fois. Le pourtour intérieur de la loge aux lapins doit être garni de caisses remplies de foin, ayant seulement des trous ronds en avant pour servir de gîte aux femelles principalement.

Sur un des côtés, on établit une échelle (H) pour la volaille, au moyen de chevilles (I) fixées sur une traverse que l'on place verticalement depuis l'entrée (I) jusqu'au sol. Si cette échelle devait servir pour des canards, il faudrait la remplacer par une planche plus longue et plus inclinée.

En avant des trous d'entrée de la volaille et des pigeons, on établit une planche (M) de 20 centimètres de largeur, formant le seuil. Les portes d'entrée, par lesquelles on pénètre dans chaque loge supérieure au moyen d'une échelle, sont placées du côté de l'est ou de l'ouest, suivant que l'une ou l'autre de ces façades est adossée au mur.

La petite basse-cour (K) en avant de la loge des porcs doit être de préférence du côté du soleil levant, et formée de planches ou de piquets d'une hauteur d'un mètre hors de terre. C'est dans cette petite cour que l'on donne à manger aux porcs. La porte de communication (L) de la cour à la loge peut rester ouverte, même pendant l'hiver, à moins qu'à cette époque il ne se trouve une femelle prête à mettre bas.

Les dimensions du modèle sont de 2 m. 25 c. de

chaque côté et suffisent pour loger convenablement une truie et ses petits, ou trois cochons adultes, six femelles de lapins et un mâle, quarante ou cinquante têtes de volailles (les couveuses doivent être à part) et vingt-cinq paires de pigeons.

Enfin, on établit sur la façade du sud une clôture en pierres ou en roseaux, haute de 2 ou 3 mètres, et on plante quatre ou cinq figuiers dans la petite basse-cour, que l'on destine à la volaille.

Outre la facilité avec laquelle on peut construire ces loges, le chaume a l'avantage de les maintenir fraîches en été et chaudes en hiver. Pendant les grandes chaleurs, on place un rideau de paille en avant de la grille des lapins, et on la relève vers la nuit.

Chapitre V.

Des instruments d'Agriculture.

Quoique les instruments dont on se sert pour défricher et cultiver la terre varient beaucoup dans leurs
formes, suivant les localités, partout ils donnent les
mêmes résultats, partout le travail des outils à bras
vaut mieux que celui des instruments traînés, tant on
s'est peu occupé jusqu'à ce jour du perfectionnement
de ces derniers.

De la Charrue et du Rouleau.

Les charrues connues jusqu'ici s'avancent lentement et sans secousses, retournent les mottes, mais
ne les divisent pas. L'énorme rouleau qui vient ensuite écrase celles de la surface seulement, mais ne les
mélange pas; tandis qu'avec la pioche ou la bêche
l'ouvrier n'avance d'un pas qu'après avoir parfaitement ameubli et mélangé la couche arable dans toute
son épaisseur. C'est ce qui fait la différence des produits de la petite culture sur la grande; ils sont en
rapport avec l'espace que les racines peuvent parcourir, et l'espace occupé par des mottes dures et imperméables est perdu pour la végétation.

Malgré cette supériorité incontestable des produits
de la culture à bras, nous ne conseillerons jamais à
un colon d'entreprendre, seul, à bras, un défriche-

ment, ne fût-il que d'un hectare, car c'est un travail qu'il faut pouvoir terminer vite, autrement il coûterait plus du double avant de produire. Une autre raison tout aussi importante, c'est que ce travail exécuté à bras étant le plus long et le plus monotone de l'agriculture, on risque, quand on est seul, de se décourager bien avant de l'avoir achevé. Si l'on ne peut avoir de bonnes charrues, il vaut mieux se réunir et s'aider réciproquement entre cultivateurs, afin de pouvoir ensemencer ou planter au fur et à mesure du défrichement. Les meilleures charrues sont celles qui recouvrent le mieux la semence et les fumiers ; quant au rouleau ordinaire, nous reproduisons ici une lettre dans laquelle nous exprimons toute notre pensée sur son utilité.

La lettre suivante, délibérée et écrite sous l'inspiration d'hommes compétents, nous paraît devoir mériter l'attention des cultivateurs, car elle répond à un besoin dont l'urgence est manifeste.

Castries, le 22 février 1850.

Citoyen Rédacteur,

Hier, dans une réunion d'un certain nombre de membres du bataillon agricole de Castries, après avoir causé pendant quelques instants des affaires du pays, il a été question d'observations très intéressantes sur les récoltes pendantes des céréales principalement. Je me fais un devoir de vous les communiquer, pour les livrer à la publicité dans l'intérêt de l'agriculture.

L'hiver, comme vous savez, a été long et rude, aussi la terre a-t-elle été gelée à une certaine profondeur ; quand le dégel est venu, la terre subissant la loi de tous les corps, en se dilatant, s'est soulevée, fendillée, crevassée même, en proportion du degré de froid qu'elle a eu à supporter.

Il en résulte aujourd'hui que les racines des plantes annuelles, peu profondes encore, souffrent beaucoup, soit parce qu'elles sont en contact trop direct avec l'air, soit par leur déchirement continu à mesure que la terre sèche davantage.

On a malheureusement dans nos pays l'habitude de compter sur les pluies pour remettre les terres dans leur état normal. Mais parce que la pluie ne viendra pas ou se fera trop attendre, faudra-t-il que nous laissions perdre nos récoltes ?

Il existe cependant un moyen bien simple de nous préserver de ces calamités, c'est de rouler la terre. Ce moyen a été mis en pratique avec succès par nos agronomes pratiques les plus distingués ; il est aujourd'hui accepté de tous les cultivateurs du nord et même de quelques hommes spéciaux de nos pays; pourquoi ne suivrions-nous pas, tous, leur exemple? La dépense est minime, elle est à la portée de tous les cultivateurs. D'ailleurs, dans chaque commune, on peut s'associer par 10 ou 15 propriétaires et réduire de beaucoup la dépense déjà minime.

On se procure un rouleau économique en prenant un tronc d'arbre d'un mètre cinquante à deux mètres de longueur et d'un diamètre de 20 à 30 centimètres, aux extrémités duquel on fixe un fort clou rond où les traits terminés par un anneau viennent s'attacher. Un cheval peut, en un jour, rouler deux ou trois hectares de terrain.

Dans le pays où l'usage du rouleau est en pratique, on obtient des résultats admirables ; jamais année mieux que celle-ci, dans nos pays, n'a été plus convenable pour rouler les blés, car notre hiver a été un hiver du Nord ; aussi avons-nous la confiance que les cultivateurs qui feront essai du rouleau cette année, y reviendront encore et que désormais son précieux usage sera définitivement adopté dans nos pays où il n'est encore connu que d'un trop petit nombre.

Salut fraternel. REDIER,
Directeur du Bataillon agricole de Castries.

Des Outils à bras.

Parmi les nombreux outils à bras que l'on emploie dans diverses localités, on retrouve toujours les deux types d'où dérivent tous les autres : 1º la pioche que l'on enfonce en frappant; 2º la bêche que l'on enfonce par la pression.

Les pioches à une, deux ou trois branches servent particulièrement pour les terrains plus ou moins pierrieux et durs ; les bêches, pelles, fourches et luchets pour les autres terrains.

De la Pioche.

Le pic ou pioche à une branche ne s'emploie que pour défoncer une ancienne route, arracher des rochers ou déraciner des broussailles ; il a une extrémité pointue, l'autre tranchante et large de 6 ou 8 c. Son manche doit être plus fort que celui des autres pioches.

La pioche à deux branches est le meilleur outil pour défricher les terrains durs et quelques peu pierreux ; elle est emmanchée solidement avec un manche d'un mètre environ de longueur.

Enfin la pioche à trois branches sert dans les mêmes terrains après que les pluies d'hiver les ont ramollis. Cet outil s'emploie surtout pour la culture de la vigne et pour défoncer, après une récolte.

Du Luchet.

Dans les terrains non pierreux, le luchet par la solidité de sa construction, est, parmi le genre bêche, l'outil qui peut servir le mieux à cultiver les plus durs; il est en bois, garni de fer; les Provençaux ne se servent que de cet outil pour les cultures profondes. les recreusements de fossés, etc.

De la Houe.

Viennent ensuite les houes de toutes les formes pour les cultures ameublissantes. Les unes ont le manche très incliné, les autres moins, suivant l'usage de la localité, la force et la souplesse des reins de l'ouvrier; l'essentiel pour cet outil est d'être léger, afin que l'ouvrier tout en allant vite. le gouverne bien et ne frappe pas sur la plante au lieu de frapper à côté.

Il y a des houes a une, deux et trois branches; elles servent pour les binages de la vigne et des plantes sarclées, pour la plantation de la garance et au jardin.

De la Bêche.

La forme des bêches varie dans chaque localité, mais celle que nous croyons la meilleure est la bêche flamande employée aussi à Narbonne. Arrondie à sa partie tranchante, elle pénètre avec moins d'efforts dans la terre, et elle est la plus légère, son manche est plus long que celui du luchet; l'ouvrier l'enfonce, la main appuyée contre le téton. tandis que pour le maniement du luchet il appuie la main sur le haut de la cuisse, en avant de la hanche, position qui nécessite de plus grands mouvements du corps.

Nous avons vu travailler ensemble des lucheteurs et des bêcheurs dans une entreprise où chacun était à la tâche, les forts lucheteurs seuls pouvaient arriver à recreuser dans la journée 22 à 25 mètres cubes de fossé, comme le faisaient la plupart des bêcheurs.

La bonté, la légèreté de la bêche flamande la rendent préférable à toute autre, surtout dans les terrains où se trouvent des racines; car chaque ouvrier a sa lime avec laquelle il aiguise le tranchant plusieurs fois dans la journée, de manière que l'outil pénètre toujours dans la terre sans efforts.

Du Perce-Croûte.

Le perce-croûte, petit rouleau de 50 ou 60 c. de long et de 4 ou 5 c. de diamètre, est armé de petites pointes de fer de 5 ou 6 c. de long, et fixé par son axe qui le traverse dans sa longueur, a deux petits bras de fer qui se rejoignent d'un côté, et forment une douille pour recevoir un manche d'une longueur de deux mètres environ.

Cet outil, peu connu dans la plupart des localités, est précieux pour rompre la croûte qui se forme toujours après la pluie, dans les terrains argileux.

Après ces outils dont nous recommandons l'emploi, viennent ceux dont on se sert pour faire les récoltes; ils sont à peu près les mêmes partout et ne diffèrent que dans leur montage.

De la Faulx.

Dans certaines localités, la faulx est emmanchée de manière que l'ouvrier se tient presque droit, en travaillant; ailleurs, au contraire, il se tient très courbé. Le métier de faucheur est plus rude, dans ce dernier cas, mais pour quelques jours seulement, le temps de faire l'apprentissage ; l'ouvrier fait ensuite le double de besogne et beaucoup mieux ; il rase l'herbe plus près de terre.

Des Instruments de Transport.

Les instruments qui servent aux transports dans la grande culture sont les chars et charrettes de différentes dimensions.

Ces instruments étant d'un prix trop élevé pour le petit cultivateur, nous allons indiquer un excellent moyen de transport employé à Narbonne et préférable à tout autre, sous tous les rapports.

Les bois, la terre, le fumier, le fourrage, la pierre, tout est transporté à dos d'âne et très rapidement ; la terre et le fumier dans de mauvaises toiles nouées aux deux extrémités et placées sur le dos des ânes qui n'ont pas d'autre harnais ; les fourrages qui ont un plus grand volume sont enveloppés dans des filets. Quant au transport de pierres et autres matériaux durs, on se contente de placer sur le dos des porteur un sac rempli de paille sur lequel passent les cordes qui soutiennent les paniers. Un propriétaire a appliqué avec avantage ce mode de transport à la récolte de la vigne, il s'est servi de cornues ou de toiles imperméables.

À l'époque de la fenaison, un conducteur et vingt ânes font douze voyages de fourrage par jour à 1,500 mètres de distance, ils portent 2,000 kilog. à chaque voyage, soit 24,000 kilog. par jour. Ils coûtent 12 fr.

Un charretier avec un attelage de trois bêtes devra avoir le double de monde pour le servir et fera à grand'peine, à la même distance, quatre voyages de

2,000 kilog., soit 8,000 dans la journée, c'est-à-dire les deux tiers de moins que les ânes, et il coûte tout autant.

Outre la grande économie qui résulte de ce moyen de transport, il en est une autre non moins importante, c'est d'éviter l'établissement de passages sur les terres, de petits ponts qui ne sont nécessaires que pour les charrettes et l'on n'a plus à redouter les accidents si fréquents de charrettes embourbées. Les récoltes peuvent être enfermées très promptement malgré le mauvais état des chemins. Tous les cultivateurs savent combien cela est important.

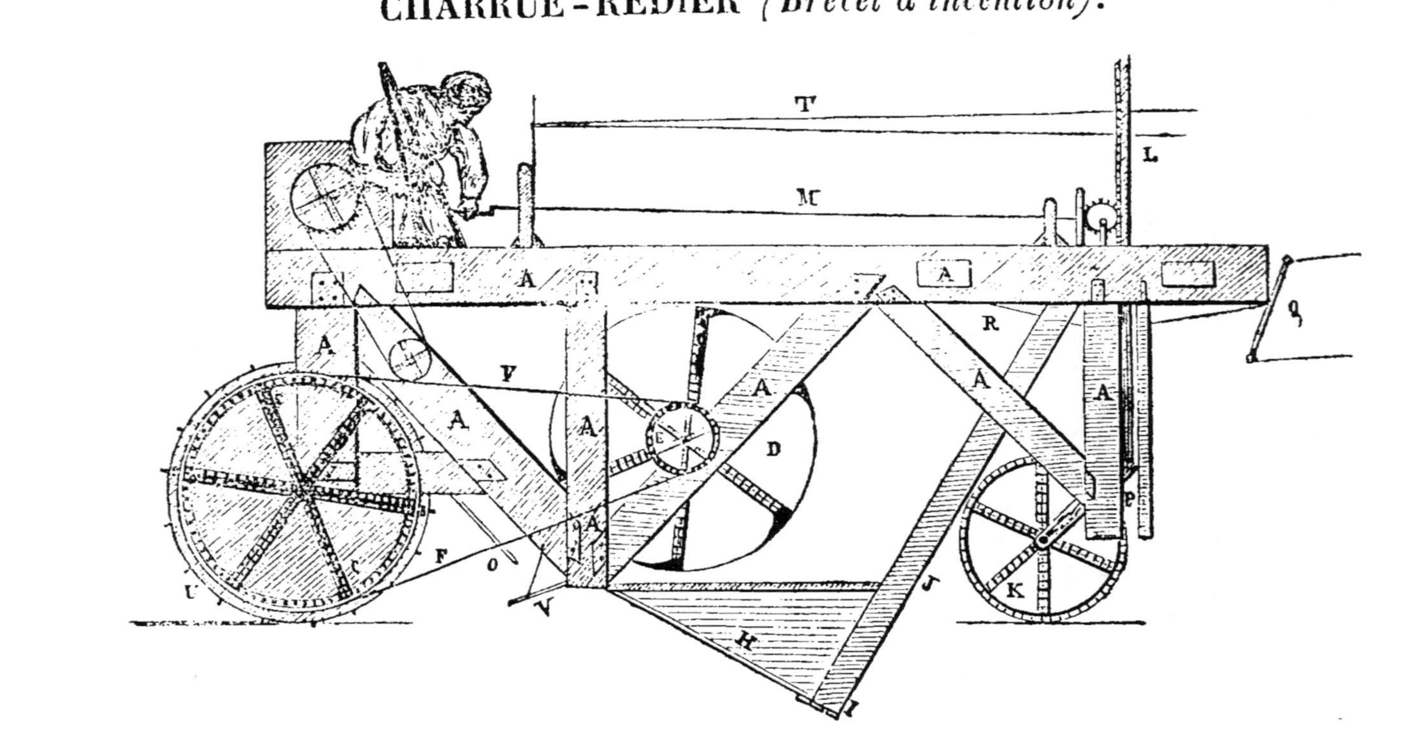

CHARRUE-REDIER *(Brevet d'invention)*.

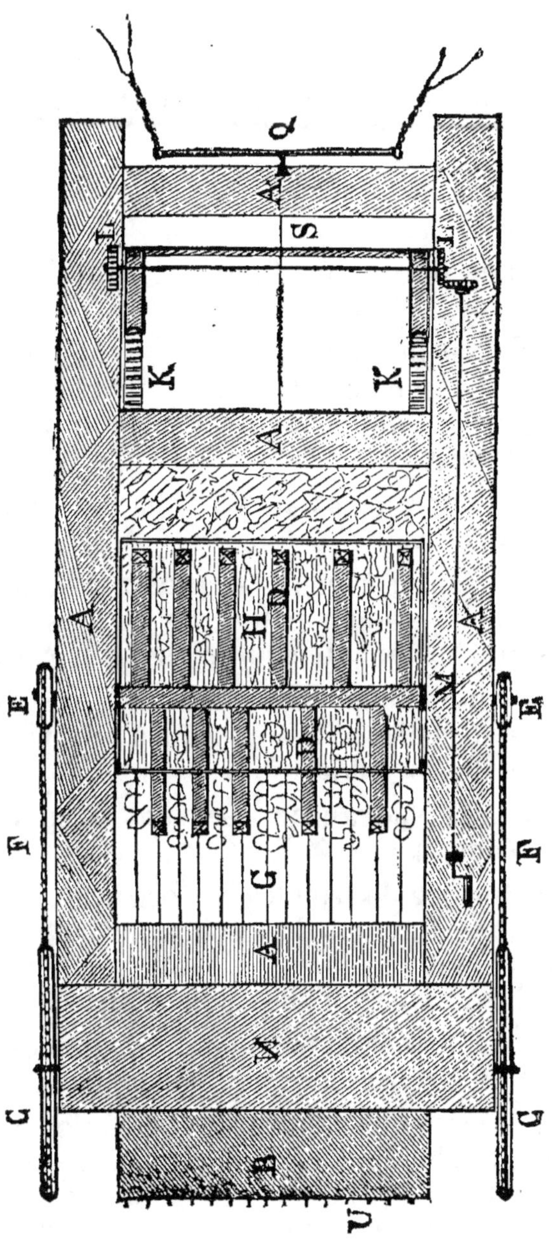

Q
S
A
K
K
A
H
D
G
A
M
B
U
E
F
C
E
F
C
L
L
12.

DESCRIPTION DE LA CHARRUE-REDIER.

A. Pièces en bois ou en fonte formant le châssis de la machine.

B. Rouleau en bois ou en fonte, armé de pointes, servant d'appui au talon de la machine, et communiquant le mouvement au semoir et au volant (ou marteaux).

C. Roues d'engrenage fixées à chaque extrémité de l'axe du rouleau.

D. Volant (ou marteaux) tournant à une certaine vitesse, et destiné à battre les mottes et la terre après qu'elles ont été soulevées par la ravale.

E. Petite roue d'engrenage fixée aux deux extrémités de l'axe du volant, et tournant à une vitesse double de celle du rouleau.

F. Chaîne à la Vaucanson, servant à communiquer le mouvement.

G. Grille formée de tringles en fer ou en bois, pour empêcher les mottes de s'échapper, et inclinée de manière à les ramener (les mottes) sous les marteaux jusqu'à ce qu'elles soient brisées.

H. Ravale ou canal en fer ou en bois par où passe la terre pour arriver sous les marteaux.

I. Partie tranchante à l'avant de la ravale, pour faciliter la marche de celle-ci dans la terre : cette pièce doit toujours être en fer : elle peut être considérée comme le soc de la charrue, tandis que la ravale en est le déversoir.

J. Supports de la ravale tranchants à leur extrémité pour servir de coutres.

K. Roues mobiles sur lesquelles s'appuie l'avant-train de la machine; ces roues ont leur mouvement indépendant; elles sont montées chacune sur une équerre.

L. Cric pour monter ou descendre l'avant-train, suivant la profondeur de culture que l'on désire, et pour dégager le soc lorsqu'on tourne ou que l'on va aux champs.

M. Manivelle placée à la droite du conducteur, qui est assis sur le semoir.

N. Caisse du semoir, au-dessus de laquelle se trouve le siége surmonté d'un parapluie ou une tente pour abriter le conducteur. Les roues d'engrenage et la chaîne placées d'un seul côté, suffisent pour communiquer le mouvement au semoir.

O. Tuyaux du semoir.

P. Coulisses dans lesquelles glisse la traverse lorsqu'on monte ou que l'on descend l'avant-train de la machine.

Q. Attelage.

R. Point d'attache pour le tirage sur la traverse du milieu.

S. Traverse en bois sur laquelle se trouvent fixés les roues et les crics.

T. Rênes.

U. Pointes en bois ou en fer fixées au rouleau pour en augmenter la résistance sur le sol.

V. Planchette fixée sur deux gonds; on la baisse ou

on la lève à volonté, suivant la quantité de terre que l'on veut mettre au-dessus de la semence.

Quoique plus compliquée dans sa construction que celles connues jusqu'à ce jour, notre charrue est la plus facile à conduire ; car le talon pesant sur l'axe du rouleau au lieu de frotter sur la terre, deux bœufs ou deux chevaux suffisent bien souvent pour la traîner, et une femme ou un enfant peuvent la diriger. Elle remplacera avantageusement toutes les herses, rouleaux, semoirs, et même les charrues, dans les terrains peu pierreux, une fois qu'ils auront été défoncés, et elle sera, nous osons l'espérer, un nouveau pas vers un autre ordre d'instrumens aratoires, que les jeunes gens même des villes ne dédaigneront pas plus qu'ils ne dédaignent aujourd'hui une jolie voiture attelée de beaux chevaux, et un puissant attrait pour les fils de riches cultivateurs, qui ne déserteront plus les campagnes du moment où ils y trouveront une occupation agréable.

Chapitre VI.

Conseils à l'ouvrier de l'industrie qui veut devenir Cultivateur.

A tout métier, il faut un apprentissage ; et ce serait une grande erreur de se croire agriculteur, parce que l'on possède quelques arpents de terre. Le maniement des outils et des instruments aratoires est bientôt appris, il est vrai, mais il n'en est pas de même du reste du métier. La connaissance des terres, le choix des semences, la préparation des engrais, l'élève du bétail, en un mot, la direction de son domaine, si petit qu'il soit, ne s'apprennent qu'après une longue expérience, pour laquelle la vie de l'homme serait insuffisante s'il ne s'appuyait de bons conseils et de bons livres.

L'homme qui connaît déjà son métier doit être prudent en arrivant sur une nouvelle terre, à plus forte raison celui qui n'y entend rien. L'un et l'autre doivent éviter, en commençant, de se livrer à tous les essais que suggère l'imagination, car ils risqueraient de se ruiner et de se décourager avant d'arriver à un résultat.

L'ouvrier des villes qui, par suite de manque de travail ou par goût, devient colon doit, avant de se mettre en route, au lieu de se défaire à vil prix de certains petits outils dont il aura besoin plus tard, chercher chez les marchands d'occasion à compléter son petit atelier de travail pour les jours où il ne pourra aller aux champs. Ainsi, il doit avoir un mètre, un décamètre, une romaine à crocher pour peser les porcs, la volaille, le son, le grain, etc. ; un sécateur, une serpette, deux haches, deux marteaux, deux petits rabots, deux limes, une plane de charron, deux scies, trois ou quatre vrilles, une paire de tenailles, deux ciseaux à bois, un ciseau à pierre, un morceau de fer de trois ou quatre kilogrammes pour lui servir d'enclume, une pierre à aiguiser, quelques mètres de ruban de fer à cercles pour faire des ligatures, des pentures, etc., du fil de fer de trois ou quatre numéros et des clous de toute dimension, etc., etc. Il pourra ensuite fabriquer lui-même d'autres instruments, tels que bancs de menuisiers, etc. ; et il aura un petit atelier où il passera utilement et agréablement quelques heures pendant les journées qui semblent si longues à la campagne lorsqu'on ne peut aller aux champs.

Des Fumiers.

Une fois logé, le premier travail à faire, c'est un creux à fumier ; sa dimension peut varier beaucoup : la plus convenable, eu égard à l'étendue du domaine (3 à 5 hectares), est de 2 mètres de largeur, 4 mètres de longueur et 80 centimètres de profondeur, le fond et les côtés garnis d'argile à défaut de pierres bâties pour empêcher les infiltrations ; les bords supérieurs recouverts de pierres plates ou terminés par des troncs d'arbre couchés en long, afin de pouvoir faire à pied sec le tour du trou que l'on remplit d'eau aux deux tiers.

Dès ce moment, se trouve créé un chantier de travail pour la femme et l'enfant qui s'en vont chaque jour, pendant quelques heures à la campagne, ramasser des pailles des joncs. de l'herbe, des feuilles de toute espèce et les jettent dans le creux. Tous les huit jours on retire ce mélange bien imprégné de liquide et on en forme, sur le bord du trou, une motte de 3 ou 4 mètres de long sur 2 de large, on recouvre chaque couche de 5 ou 6 centimètres de terre. Cette opération répétée pendant un mois et demi donne un joli tas de fumier de 1 mètre 50 centimètres environ de hauteur. On le recouvre alors d'une dernière couche de 15 centimètres de terre et on le laisse ainsi confire pendant 15 à 20 jours après lesquels on peut l'employer.

La terre dont on se sert pour recouvrir chaque couche doit être autant que possible, argileuse quand le fumier est destiné à des terrains sablonneux, et sablonneuse pour le fumier destiné à des terrains argileux; les cendres de bois et de charbon entrent avantageusement dans ce mélange. Pendant qu'une motte se prépare et s'emploie, on en forme une autre sur le bord opposé et ainsi de suite, de manière à ne jamais en manquer.

Le creux à fumier doit être situé au nord et à quelque distance de l'habitation, voisin du lieu d'aisances, afin que rien ne soit perdu; l'engrais produit par les végétaux est d'autant meilleur qu'il est mélangé à une plus grande quantité d'urine et de fumier d'animaux.

Le terrain sur lequel on établit les mottes doit avoir une légère pente. de manière que le jus retombe dans le trou, et celui-ci doit être garanti par une petite chaussée des eaux pluviales qui, arrivant en trop grande quantité, pourraient le faire déverser. Deux ou trois jours suffisent pour préparer cette fabrique de fumier.

Explorations utiles.

Le colon emploie ensuite huit à dix jours à explorer les environs. S'il y a des domaines établis, il va les visiter; il s'informe des saisons, des maladies à redouter, tant pour les hommes que pour les animaux et les plantes, et des moyens de les prévenir; des effets de l'humidité et de la sécheresse dans les divers terrains, de l'époque favorable pour faire les semences et les récoltes, du prix des bestiaux, de la volaille et de toutes les denrées, des terrains vagues qui peuvent lui fournir du bois, de l'herbe et des litières, enfin des cultures qui réussissent le mieux.

Si le pays est inhabité, il observe les plantes qui croissent naturellement selon chaque nature de terrain. Dans ses excursions, il se procure des manches d'outils, des roseaux, des piquets, qui bientôt lui seront utiles.

Des Fossés.

Déjà le colon n'est plus un étranger sur cette nouvelle terre, il étudie de plus près son petit domaine, sonde, en faisant des trous de distance en distance, la nature du sous-sol, et il marque avec des jalons l'endroit où il établira les fossés d'écoulement et les passages pour l'exploitation.

Si le terrain est plat, il faut tracer les fossés en ligne droite, afin de faire écouler les eaux par le chemin le plus court; si le terrain a une grande pente, on doit établir les fossés plus ou moins perpendiculaires à cette pente pour que les grandes pluies ne ravinent pas la terre.

Pour le recreusement des fossés, il faut toujours commencer par la partie la plus basse, de sorte que s'il venait à pleuvoir pendant l'exécution du travail, l'eau pût s'écouler sans faire des dégâts.

Agrément.

On plante quelques arbres, tels que platanes, tilleuls, etc., devant l'habitation, pour avoir de l'ombre en été; mais, pour jouir plus vite de ce précieux avantage, on peut établir une tonnelle au moyen de poteaux, sur lesquels on fait grimper de la vigne, du houblon, des campanulles ou bien des courges-bouteilles, dont on fait sécher le fruit, que l'on vide pour faire des gourdes à vin. Ces gourdes sont encore très bonnes pour conserver à sec les graines du jardin.

Du jardin. — Des plantations.

On choisit pour le jardin la terre la plus rapprochée de l'habitation, mais cependant à portée de l'arrosage, et on établit les planches, en commençant par les plus élevées; si le terrain est plat, c'est en défrichant qu'il faut créer la pente pour l'arrosage. On divise alors le jardin en deux parties égales, séparées par une allée de quatre mètres de largeur, aboutissant au point d'arrivée de l'eau dans le jardin; on ouvre deux tranchées de 40 à 50 centimètres de profondeur, parallèles à l'allée, et on cultive à cette profondeur, alternativement des deux côtés, en ramenant toujours la terre vers l'allée; le jardin se trouve alors à deux pentes, avec un chemin au milieu pour l'exploitation. A l'endroit le plus abrité, on établit, sur un fossé de 80 c. de largeur et 60 c. de profondeur, aux deux tiers plein de fumier, une planche pour les semis, et on ensemence le plus tôt possible pour repiquer au printemps.

Dans le courant du premier hiver, il faut s'occuper de la plantation des arbres, et faire des abris avec des branches ou des roseaux.

De la Comptabilité.

A cette époque, où les travaux extérieurs ne sont pas toujours praticables, on doit établir ses écritures, car il est indispensable de pouvoir se rendre compte de ce que produit chaque terre en blé ou en fourrage, des pertes ou des revenus des bestiaux et enfin de l'état général de son domaine. Outre l'avantage immense qu'ont les écritures d'avertir le cultivateur lorsqu'il est en perte, sur telle ou telle opération, elles sont encore un excellent moyen d'instruction agricole : la théorie et la pratique marchent en même temps. C'est encore au moyen d'écritures exactement tenues que l'on parvient à trouver l'assolement le plus convenable à son terrain. On ouvre des comptes de dépenses et recettes aux bestiaux, au fumier, au jardin, à chaque terre. Voici un modèle de comptes qui pourra servir de guide :

Champ n° **1**. Terre franche, à sous-sol profond. Contenance **1** hectare.

1re *Année.*

DÉPENSES.				RECETTES.			
1849 Sept.	2 légers labours à la charrue, 10 jours à 6 fr.	60	»	1850 Juin.	Récolte de froment 25 hect. à 16 f.	400	»
»	Semence froment, 2 h. 50, à 16 fr.	40	»		Paille 3,700 kil. à 20 fr.	74	»
»	Labour de semence, 5 j., à 6 fr.	30	»		Vannes, grapilles, pour la volaille.	15	»
»	1 jour de semeur	2	»			fr. 489	»
»	Hersage et roulage....	10	»		Regain de trèfle à enfouir, pour la récolte prochaine, valant une demi – fumure, ou la valeur en fourrage...	105	»
1850 Mars.	Semence de trèfle sur le blé.......	10	»			fr. 594	»
Juin.	Moisson 5 j. hom. à 3 fr.	15	»		A déduire : dépenses..	204	50
»	5 J. femmes.	7	50		Bénéfice.. fr. 389	50	
»	Battage, nettoyage	20	»				
»	Transport de toute nature.	10	»				
		fr. 204	50				

2ᵉ *Année.*

DÉPENSES.			RECETTES.		
1850 Octob.	Labour à la charrue : 2 hom., 4 bêtes, 5 jours, à 20 fr.. ...fr.	100 »	1851 Juill.	Récolte de pommes de terre , 200 hect. à 4 fr.	800 »
»	35,000 k. fumier, à 60 c.	210 »			
1851 Mars.	Labour à la charrue , 1 homme , 2 bêtes, 5 jours à 6 fr......	30 »			
»	Hersage, 1 j.	6 »			
»	Semence de pommes de terre, 6 h. , à 4 fr......	24 »			
.	Labour de semence , 5 j. à 6 fr......	30 »			
»	1 semeuse 5 j à 1 fr....	5 »			
Avril.	Un sarclage , 10 j. de femmes.......	10 »			
»	Binage , 3 j. d'arraire , à 5 fr......	15 »			
Mai.	Binage, idem.	15 »			
Juill.	Frais, récolte , vingt jours d'hommes...	40 »			
.	Frais, récolte, 20 j. de fem.	20 »	A déduire : dépenses de l'année ...	510 »	
.	5 j. d'âne...	5 »			
	fr.	510 »	Bénéfice.. fr.	290 »	

3e *Année.*

DÉPENSES.			RECETTES.	

1831 Labour pro-			1832 Récolte en	
Août. fond à la char-			fourrage ,	
rue, 5 jours,			4,000 kil. à	
à 20 fr..... fr.	100	»	40 fr.	160 »
» Hersage 2 j..	12	»	Juin. Id. Id....	160 »
Sept. 2e Labour, 5			Sept. Regain 2,000	
j., à 6 fr.....	30	»	kil........	80 »
Octob. 3e Labour, 5			Total... fr.	400 »
j. à 6 fr....	30	»		
» Hersage pour				
couvrir la se-				
mence et a-				
meublir	15	»		
» Semence de				
luzerne, 6 fr.				
id. 2 hect.				
avoine, 15 fr.	21	»		
1832 Frais de ré-				
Mai. colte, fenai-				
son, transport				
4,000 kilog.,				
rendus au gre-				
nier, à 50 c.				
les 100 kil...	20	»		
Juin. Récolte , fe-				
naison, etc.,	20	»	A déduire :	
Sept. Idem , idem.	20	»	dépenses..	268 »
Total.... fr.	268	»	Bénéfice.. fr.	132 »

13.

4ᵉ *Année.*

DÉPENSES.		RECETTES.	
1853 Fenaison de 1er Mai. la 1re coupe 4,000 kil. à 50 c......	20 »	1853. Récolta 4,000 1er Mai kil. à 40 fr..	160 »
25 Id. 2e coupe, 6.000 kil...	30 »	25 Id. 6,000 kil.	240 »
20 juin. Id., 3e coupe, 5,000 kil. à 50 c..	25 »	20 juin Id. 5.000 kil.	200 »
15 juil. Id. 4e coupe 4,000 kil...	20 »	25 juil. Id. 4,000 kil.	160 »
25 sept. Id. 5e coupe 3,000 kil...	15 »	25 sep. Id 3,000 kil.	120 »
Total.... fr. 110 »		Total.... fr. 880 »	
		Dépenses à déduire...	110 »
		Bénéfice... fr. 779 »	

Les dépenses et recettes pour ce champ restent à peu près les mêmes pendant les quatre, cinq et quelquefois les dix années suivantes, selon que la nature du sous-sol est plus ou moins perméable aux racines. Après ce terme, il faut de nouveau défoncer et fumer la terre et la soumettre à des cultures annuelles pendant trois ou quatre ans, avant d'y remettre de la luzerne.

En tenant exactement en note ce qui se passe sur chaque terre, on sait bientôt d'une manière certaine quelles sont les plantes qui s'y plaisent le mieux.

De l'Assolement.

Si, au lieu d'une terre de première classe on opère sur une terre argileuse, dont le sous-sol compacte s'oppose à la culture de la luzerne, on y ensemence

TABLEAU D'ASSOLEMENT

Ou de Cultures successives que l'on peut faire sur les divers terrains pour les rendre de plus en plus fertiles.

Nº 1. Terre franche, 1 hectare.

ANNÉE.
1re Labour léger. Blé, trèfle au printemps (1)
2e Fumier. Labour profond. Pommes de terre.
3e Labourer. Ameublir. Avoine. Luzerne.
4e Luzerne.
5e —
6e —
7e —
8e —
9e —
10e Labour profond. Fumier. Blé. Trèfle au printemps.

Nº 3. Terrain calcaire. Vigne à allées, 1 hect.

ANNÉE.
1re Labour profond. Sainfoin ou mélilot.
2e Idem 2e année.
3e Enfouir le regain. Blé.
4e Pois chiches, lentilles fumés.
5e Blé.
6e Sainfoin sur fumier (ou mélilot)
7e Sainfoin.
8e Blé.
9e Sainfoin sur fumier (ou mélilot).
10e Sainfoin.

PLAN

DU JARDIN AVEC L'ALLÉE DE 4 MÈTRES POUR L'EXPLOITATION
(Contenance 1 hectare).

<table>
<tr><td>P</td><td>LAN</td><td>CH</td><td>ES</td></tr>
</table>

Allée de 4 mètres de largeur.

<table>
<tr><td>P</td><td>LAN</td><td>CH</td><td>ES</td></tr>
</table>

On doit toujours régler son assolement de manière à faire succéder à une culture de plantes épuisantes une culture de plantes fertilisantes. Les premières (épuisantes) comprennent le blé, le maïs, la cardère à foulon, la garance, colza, chanvre, lin, et enfin les céréales que l'on cultive pour leur graine. Les autres (fertilisantes) sont les trèfles, vesces, sainfoin, etc., dont le détritus qu'elles laissent sur le sol forme un bon engrais, et les plantes sarclées qui exigent beaucoup d'engrais.

Nº 2. Terre froide salée, cont. 1 hect.

ANNÉE.
1re Labour léger. Vesces, avoine, trèfle mélangés.
2e (2) Labour léger. Fèves ou blé recouvert, et trèfle
3e Garance à fossés (Voir page 66).
4e Garance 2e année.
5e Ameublir. Fumer. Coton, tabac, chanvre ou racines.
6e Blé. Trèfle au printemps.
7e Vesces, avoine ou fèves.
8e Labour profond. Coton, tabac, chanvre, melons, racines.
9e Blé recouvert. Trèfle au printemps.
10e Vesces, avoine, trèfle mélangés.

Nº 4. Terrain sableux. Vigne à allées, 1 hect.

ANNÉE.   page 73).
1re Pommes de terre fumées à trous. (V.
2e Maïs. Millet en lignes.
3e Racines sur fumier.
4e Blé.
5e Racines sur fumier.
6e Sésame, pavot, etc.
7e Blé.
8e Racines sur fumier.
9e Sésame, pavots, garance, luzerne.
10e Blé.

(1) En arrivant sur une nouvelle terre, on peut se dispenser de labours profonds, afin de profiter du gazon qui est à la surface, et qui forme un bon engrais, mais pour la première année seulement.

(2) Sur les terrains salés, il faut labourer légèrement en commençant, pour empêcher le sol de remonter.

d'autres fourrages à racines non pivotantes propres à ce terrain, tels que vesces, trèfles, etc. Après leur culture, on défonce, on fume de nouveau, et on recommence à cultiver la même série de plantes : les pommes de terre peuvent être remplacées par des betteraves, des carottes, des navets, ou bien on peut encore faire des planches de chaume de ces plantes et les séparer par des rangées de maïs. On peut encore remplacer le froment par le chanvre, le lin, le colza, le coton, le tabac. (Voir le tableau page 88).

Ce changement de cultures sur une même terre s'appelle *assolement* ; il a pour but de prévenir l'épuisement du sol qui ne tarderait pas, si l'on cultivait toujours les plantes épuisantes demandant à la terre les mêmes sucs. Tels sont le millet, le blé, l'avoine et autres céréales qu'on laisse grainer. Les trèfles, vesces qui laissent une partie de leurs feuilles sur le terrain sont au contraire des plantes améliorantes.

Dans un assolement bien entendu, il faut que chaque année, la moitié du domaine se trouve en fourrages et en racines pour le bétail, un quart environ en céréales, et le reste, non compris le jardin, partagé entre les arbres et la vigne.

Afin de rendre plus intelligible la théorie des assolements, nous allons indiquer les cultures successives que l'on peut alterner sur divers terrains, dans un petit domaine de cinq hectares. Nous classerons dans un autre tableau toutes les plantes d'une culture analogue, parmi lesquelles on pourra choisir, ainsi que les plantes à cultiver dans le jardin et dont il faut toujours laisser le choix à la ménagère.

Des Arbres. — De la Vigne.

On plante la vigne et les arbres pendant l'hiver, le plus tôt possible, la vigne en allées dans les terrains les moins humides; les arbres, tels que muriers oliviers, au bord des champs, en laissant libre un espace circulaire de 5 ou 6 mètres de diamètre autour du pied.

L'olivier, le pêcher, le cerisier peuvent, sans lui nuire, être plantés parmi la vigne, à la place d'une ou deux souches, mais on fume alors un peu plus leur voisinage.

Du logement du menu bétail.

Aux jours de pluie et de dérangement des travaux extérieurs, il faut s'occuper de la construction et de l'arrangement du logement du petit bétail, afin d'être en mesure de lui faire consommer avantageusement les produits dont la vente ou le transport serait difficile. On doit aussi, dans le premier hiver, activer les travaux du jardin pour se créer au plus vite des ressources pour la nourriture de la famille et celle des bestiaux.

De la culture des terres.

Quant aux cultures des terres, il n'est pas possible de les faire isolément avec l'outil à bras; car, si le travail d'un bon ouvrier suffit à peine pour entretenir en bon état un hectare de terrain défriché, que pourra un apprenti cultivateur sur un espace inculte cinq fois plus grand? C'est ici que doit commencer l'association.

En concédant aux colons de l'Algérie une étendue de 3 à 5 hectares, le gouvernement a dû prévoir que, étant également surchargés de travail, surtout au moment des semences et des récoltes, ils ne pourraient s'entre aider et s'il n'a pas jugé à propos de les encourager à l'association, il doit songer du moins à créer des bataillons agricoles mobiles, pourvus de bestiaux de travail et d'instruments aratoires de toute espèce, pour aider les colons en temps utile et les mettre à même de se passer de secours après les trois années pendant lesquelles il les leur accorde.

Pendant les trois ans qu'il est aidé par le gouvernement, le colon ne doit songer qu'à améliorer sa terre au moyen de cultures profondes et variées, de fumiers, de fréquents enfouissages d'herbes vertes et d'amendements de toute espèce, et parce qu'un blé aura réussi une première année sur un léger labour, comme le sèment les bédouins, il ne doit pas se croire dispensé des cultures profondes et des fumures, car il arriverait avant peu à ruiner sa terre. Les colons doivent aussi se préparer à l'association par villages, commencer à établir des écuries communes, et à faire l'achat des bestiaux et instruments de travail qu'il ne serait ni possible ni avantageux à chacun de se procurer ou de se servir isolément.

Dirigés par les hommes les plus capables, ces établissements pourront faire avec profit pour la colonie l'élève des bestiaux, tels que chevaux, bœufs, bêtes à laine, vers à soie peu praticable dans la petite culture et exécuter les grands travaux d'irrigation, d'endiguement et de défrichement nouveaux.

Les colons se contenteront sur leur jardin, dont ils porteront la contenance jusqu'à un hectare, d'élever des porcs, lapins, volailles, mouches à miel, etc.

Ils porteront l'excédant de leurs produits, tant en grains qu'en fourrages, à l'établissement général qui sera leur propriété commune.

Les employés à cet établissement, pris parmi les jeunes hommes de la colonie et enrôlés pour un temps déterminé, formeront un bataillon mobile chargé d'aider les propriétaires à l'époque des semences et des récoltes et créeront dans l'intervalle de nouvelles petites fermes dont ils deviendront à leur tour propriétaires.

---

60 millions suffiront à peine pour installer les 13.000 colons qui sont depuis l'an dernier en Algérie; une pareille somme, au moyen de bataillons agricoles, suffirait pour établir dans de meilleures conditions au moins 18,000 petits fermiers qui donneraient un revenu de plus de 3 millions à l'État et dont les écuries pourraient, avant quatre ans, fournir annuellement plus de dix mille chevaux et bœufs à la France.

FIN.

TABLE DES MATIÈRES.

—

CHAPITRE III.

CHAPITRE IV.

CHAPITRE V.